世纪高职高专规划教材

高等职业教育规划教材编委会专家审定

移动通信实验教程

主　编　马晓强

副主编　董　莉　李　媛

参　编　黄力为　历永川　喻　瑾　邹佳男

北京邮电大学出版社
www.buptpress.com

内 容 简 介

《移动通信实验教程》根据移动通信工程师岗位技能要求,从设备认知、设备配置以及优化维护三个方向全面系统地介绍了不同制式移动通信系统的认识、配置、维护及优化实践操作。

《移动通信实验教程》主要包括三个学习情境:第一学习情境完成 GSM、CDMA、WCDMA、CDMA 2000 及 LTE 设备;第二学习情境完成 GSM、CDMA、WCDMA、CDMA 2000 及 LTE 设备配置任务;第三学习情境完成基站维护基本操作、CDMA 及 LTE 网络优化操作。

本书内容丰富,层次清楚,采用多个任务完成了移动通信工程师岗位技能入门训练。可作为高职高专通信类专业高年级学生用教材或教学参考书,也可供从事通信工作的工程技术人员学习和参考。

图书在版编目(CIP)数据

移动通信实验教程 / 马晓强主编. - - 北京 : 北京邮电大学出版社,2016.8(2020.1 重印)
ISBN 978-7-5635-4837-8

Ⅰ. ①移… Ⅱ. ①马… Ⅲ. ①移动通信—实验—高等职业教育—教材 Ⅳ. ①TN929.5

中国版本图书馆 CIP 数据核字(2016)第 171193 号

书　　　　名:移动通信实验教程
著作责任者:马晓强　主编
责 任 编 辑:张珊珊
出 版 发 行:北京邮电大学出版社
社　　　　址:北京市海淀区西土城路 10 号(邮编:100876)
发 行 部:电话:010-62282185　传真:010-62283578
E-mail:publish@bupt.edu.cn
经　　　　销:各地新华书店
印　　　　刷:保定市中画美凯印刷有限公司
开　　　　本:787 mm×1 092 mm　1/16
印　　　　张:14.75
字　　　　数:367 千字
版　　　　次:2016 年 8 月第 1 版　2020 年 1 月第 2 次印刷

ISBN 978-7-5635-4837-8　　　　　　　　　　　　　定　价:32.00 元

·如有印装质量问题,请与北京邮电大学出版社发行部联系·

前　言

我国通信行业处于飞速发展时期,移动通信的市场份额显著提升。因此,市场对人才的需求日益增加,尤其是移动通信专业应用型人才的需求。移动通信工程师的职业岗位要求从业人员在具备扎实的专业理论储备的基础上,更要具备娴熟的职业实践技能,这样才能服务于企业生产的一线岗位。

本书旨在培养移动通信专业人员的实践技能,从移动通信工程师的职业岗位能力出发,以 GSM、CDMA、WCDMA、LTE 网络为载体,采用任务驱动方式,首次将典型工作任务纳入移动通信实验教材的内容体系,循序渐进地涵盖了设备认知、设备配置以及优化维护三个方向的内容。教材中每个任务的设置均按照"任务介绍→任务用具→任务用时→任务实施→任务成果→拓展提高"的流程切入,紧密契合企业实际的工作岗位要求。本教程不仅是移动通信专业实践教材,同时也可作为移动通信工程师岗位的入门实践指南。

书中任务1～任务8、任务13、任务14、任务18由董莉编写,任务9、任务10、任务15～任务17、任务19～任务21、任务29、任务30及附录由马晓强编写,任务11、任务12、任务22～任务28由李媛编写,黄力为、历永川、喻瑾、邹佳男负责完成实验验证、图片采集及绘制等工作,本书的体例确定、统稿、内容修订由马晓强完成。

在本书的编写过程中,编者依托国家示范骨干高职学院——四川邮电职业技术学院的移动通信综合实训平台,得到了华为、中兴、鼎利、惠捷朗等企业的大力支持,书中素材来自相关企业的产品资料,在此一并表示衷心感谢!

由于移动通信技术发展迅猛,编著时间紧迫,加之水平有限,书中难免有疏漏与不足之处,恳请读者批评指正。

编　者

目　　录

学习情境 1 认识移动通信系统设备

任务 1 认识 GSM BTS 设备

一、任务介绍

作为初步踏上基站维护工作岗位的你，需要按照机房的操作规范要求，完成中兴 GSM BTS 设备认识工作，并记录槽位上对应的单板，绘制仿真实验室内 BTS 设备的机框图。

二、任务用具

中兴公司 ZXG10 VBOX 软件若干，电脑若干。

三、任务用时

建议 2 课时。

四、任务实施

步骤 1：认识 BTS

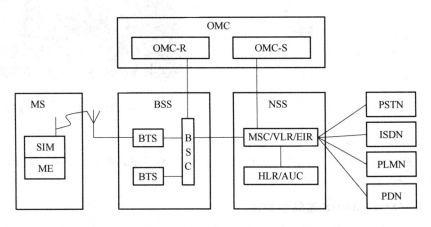

图 1.1.1 GSM 系统组成

BTS 全名为：Base Transceiver Station，即基站收发台。基站发信台(BTS)受控于基站控制器(BSC)，属于基站子系统(BSS)的无线部分，服务于某小区的无线收发信设备，实现 BTS 与移动台(MS)空中接口的功能。一般来说，BTS 主要分为基带单元、载频单元和控制单元三部分。基带单元主要用于话音和数据速率适配以及信道编码等；载频单元主要用于调制/解调与发射机/接收机间的耦合；控制单元则用于 BTS 的操作与维护。

步骤 2：认识 ZXG10 8000 系列基站

ZXG10 8000 系列基站主要包括 B8018、B8112、M8206、S8001 等。

B8018 是室内型宏蜂窝基站，主要适用于业务量密集的大众城市和中小城市的业务密集地区。

B8112 是室外型的宏蜂窝基站，主要适用于机房条件不易获得的业务量密集的大中城市和中小城市的业务密集地区。

M8206 适合于室内和室外的紧凑型基站，主要为市区吸收话务量、补盲和室内覆盖服务，能提高网络的容量、覆盖和服务质量。

S8001 是室内微蜂窝基站，具有小功率、低容量、微型化的特点，主要用于盲点覆盖及企业集团用户支持。

1. 登录 GSM-BSS 实验仿真教学软件

双击电脑桌面名为 ZXG10 VBOX1.1 的图标，登录仿真软件，启动软件后，单击软件链接"实验仿真教学软件"进入实验仿真教学系统，如图 1.1.2 所示。

进入教学软件后，根据箭头指示进入实验室观察 B8018，如图 1.1.3 所示。在实验楼走廊单击 M8206 基站，观察机框内配置。根据箭头指示进入电梯到达楼顶，观察基站 B8112，如图 1.1.4 所示。

图 1.1.2　进入教学软件

图 1.1.3　进入仿真实验室

2. 观察各基站形态

请进入实验室观察 B8018 基站，在楼道单击壁挂式基站，观察 M8206，最后，进入电梯到楼顶，观察 B8112 基站。

步骤 3：绘制 ZXG10 B8018 基站机框图

单击进入实验室，按箭头指示打开 B8018 机柜门，查看 B8018 机框及单板配置，绘制机框图到实验报告上。

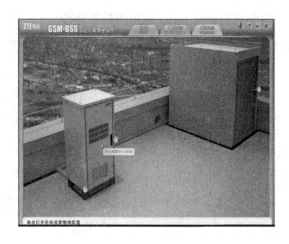

图 1.1.4　室外 B8112 基站

满配时机柜内装三层载频插框和一层顶层插框,三层风机插箱,底层为装有防尘棉的防尘插箱。每层载频插框放置 3 个 DTRU 和 3 个 AEM 模块;顶层插框内装 1 块 PDM、2 块 CMB、1 块 EIB;每层风机插箱装有两个风机。

B8018 机顶主要用于安装天线、电源开关、滤波器、接地柱插座及其他各种插座硬件。顶层插框包括 PDM 和控制框两部分。控制框主要实现接口转换、时钟产生、TDM 交换和系统控制等功能。PDM 主要负责 BTS 输入工作电源的滤波和分配。顶层插框满配置,框内可以安装 1 个 PDM、2 个 CMB 和 1 个 EIB(或 1 个 FIB),其中 2 个 CMB、1 个 EIB(或 1 个 FIB)构成一个控制框。

在 B8018 机架中,载频插框有三层,每层实现的功能是一样的。载频插框主要实现 GSM 系统中无线信道的控制和处理、无线信道数据的发送与接收、基带信号在无线载波上的调制和解调、无线载波的发送与接收、空中信号的合路和分路等功能。载频插框又称为收发信框,通过侧耳与立柱在正面相连。每层载频插框可以安装 3 个 AEM 模块和 3 个 DTRU 模块。AEM 模块安装在载频插框的槽位 1、5、6,DTRU 安装在槽位 2、3、4。

风机插箱实现 FCM 的功能,由 2 个风机模块和 1 块风机控制板共同组成。在 B8018 机柜中,有 3 层风机插箱,分别位于每层载频插框的上面。风机模块可独立插拔,主要用于散热。风机控制板上有温度传感器,根据温度传感器采集的温度值,调节风机的转速,降低整个 BTS 的工作噪声,同时监视风机和温度值,当发生异常时向同层 DTRU 发出告警信息,并且统一

PDM	EIM/EIB
	CMB
	CMB

| FCM | | | | | |
| AEM | DTRU | DTRU | DTRU | AEM | AEM |

| FCM | | | | | |
| AEM | DTRU | DTRU | DTRU | AEM | AEM |

| FCM | | | | | |
| AEM | DTRU | DTRU | DTRU | AEM | AEM |

图 1.1.5　B8018 机框配置图示例

上报给 CMB。防尘插箱位于机柜的最底层,主要功能是防尘。

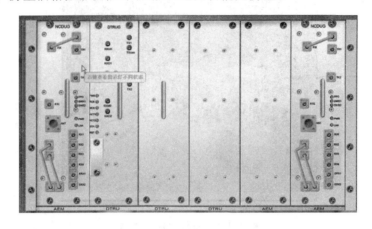

图 1.1.6　B8018 机框面板示意图

步骤 4:熟悉 ZXG10 B8018 基站单板

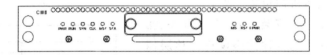

图 1.1.7　CMB 模块面板图

1. 查看 CMB 指示灯

单击 CMB 模块,查看指示灯,并按任务要求记录其含义。

CMB 是 B8018 的控制维护模块。它完成 Abis 接口处理、交换处理、基站操作维护、时钟同步及发生、内外告警采集和处理、载频模块的开关电、CMB 模块主备热备份等功能。CMB 模块指示灯如表 1.1.1 所示。

表 1.1.1　CMB 指示灯

指示颜色	名称	含义	工作方式
绿/红	PWR	电源指示	绿亮:正常;红亮:告警;灭:掉电或其他原因
绿	RUN	运行指示	绿闪(4 Hz):Boot 运行;绿闪(1 Hz):Application 运行;其他:系统异常
绿/红	SYN	时钟同步方式指示	绿亮:Abis 口网同步时钟;绿闪(1 Hz):SDH 网同步时钟;红闪(1 Hz):E1 帧失步告警的指示;红亮:E1 线路断或没接;灭:自由振荡
绿/红	CLK	时钟指示	绿亮:网同步处于锁定状态;绿闪(1 Hz):正在锁相;红亮:时钟故障
绿	MST	主备指示	绿亮:主用状态;绿灭:备用状态
绿/红	STA	状态指示	灭:正常运行;绿闪(1 Hz):系统初始化(Low);绿闪(4 Hz):软件加载;红闪(1 Hz):LapD 断链(High);红闪(4 Hz):HDLC 断链(Low);红亮:温度、时钟、帧号等其他所有告警。

2. 查看 EIB/FIB 指示灯

EIB 主要提供 8 路 E1/T1 的线路阻抗匹配,IC 侧与线路侧的信号隔离,E1/T1 线路接口的线路保护,提供 E1/T1 链路旁路功能,并向 CMB 提供接口板类型信息。

　　FIB 提供 Abis 口以太网接入。主要完成下述功能:提供 1 路以太网 100 Mbit/s 接口用于 Abis 接口传输;完成 IP 数据包到时隙的映射,并通过 8MHW 与 CMB 进行通信;提供 4 路 E1/T1 的线路阻抗匹配,IC 侧与线路侧的信号隔离,E1/T1 线路接口的线路保护。4 路 E1/T1 电路用于并柜与级连。

3. 查看 PDM 模块

　　PDM 模块将输入到机柜的−48 V 电源分配到 CMB、DTRU 和 FCM 各个模块,依靠断路器提供过载断路保护,并实现电源滤波功能。

4. 查看 DTRU 指示灯

　　单击 DTRU 模块,查看指示灯,并按任务要求记录其含义。

　　对于不同的 GSM 系统,ZXG10 B8018 设计了不同的 DTRU 模块,DTRU 模块是 B8018 的核心模块,主要完成 GSM 系统中两路载波的无线信道的控制和处理、无线信道数据的发送与接收、基带信号在无线载波上的调制和解调、无线载波的发送与接收等功能。

5. 查看 CDU 指示灯

　　单击 CDU 单板,查看指示灯,并按任务要求记录其含义。

　　合路分路单元 CDU 支持一个 2 合 1 的合路器、一个 1 分 4 并带有 2 个扩展接收输出的低噪声放大器和一个内置的双工器。CDU 的主要功能是完成 2 路 TX 输入信号的合并,并将天线接收的上行信号经过低噪声放大器 LNA(Low Noise Amplifier)分为 4 路输出,同时提供 2 路输出扩展接口。TX 和 RX 信号经过 CDU 内部的双工器合并后接入天线。合路器的输出与双工器的输入在 CDU 的面板外部通过电缆连接(随机配送,现场可拆除或安装,以供灵活的载频配置使用)。

步骤 5:查看 ZXG10 B8018 连线

　　观察 B8018 到天馈的连线,观察 B8018 到 BSC 的连线,并实验任务要求记录。

五、任务成果

　　1. 画出仿真软件中 B8018 机框图;
　　2. 说明 CMB 指示灯情况;
　　3. 说明 DTRU 指示灯情况;
　　4. 画出 B8018 对外连线。

六、拓展提高

　　1. 基站设备的安装环境要求是什么?
　　2. 站型 S3/3/3 是什么意思?
　　注:请保留图纸,后续配置任务将会使用。

任务 2　认识 GSM BSC 设备

一、任务介绍

　　作为初步踏上维护岗位的你,需要按照机房的操作规范要求,完成 GSM 系统 BSC 设备认识工作,记录槽位上对应的单板,并绘制机房内 BSC 设备的机框图。

二、任务用具

　　中兴公司 ZXG10 VBOX 软件若干,电脑若干。

三、任务用时

　　建议 2 课时。

四、任务实施

步骤 1:认识 BSC

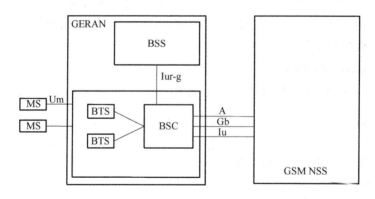

图 1.2.1　BSS 在 GSM 系统中位置示意图

　　BSC(Base Station Controller)是 BTS 和 MSC 之间的连接点,也提供 OMC 接口。一个 BSC 可控制多个 BTS,其主要功能是进行无线信道管理,实施呼叫和通信链路的建立拆除,完成小区配置数据管理、功率控制、定位和切换等。一般由两部分构成:一是编译码设备,将 64 kbit/s 的话音信道压缩编码为 13 kbit/s 或 6.5 kbit/s,反之译码;二是基站中央设备,主要用于用户移动性的管理以及 BTS、MS 的动态功控等。

步骤 2:绘制 iBSC 机框图

　　观察仿真软件中的 iBSC,记录机框和各机框中所配置的单板。

　　控制框(BCTC)完成系统的全局操作维护功能、全局时钟功能、控制面处理以及控制面以太网交换功能。

资源框(BUSN)完成系统的接入单元和用户面处理功能。

分组交换框(BPSN)为系统提供大容量无阻塞的分组包交换平台。

电路交换框(BCSN)为系统提供大容量无阻塞的电路交换平台,在 TC POOL 时,采用大 T 网交换时配置。

步骤 3:查看 iBSC 控制框单板指示灯

记录控制框单板,熟悉单板位置、功能,观察控制框单板指示灯,并按实验任务要求记录。iBSC 控制框前面板示意图如图 1.2.2 所示。

控制面通用接口模块(UIMC):控制框和交换框内部以太网二级交换,控制框管理等功能;同时对内提供的一个 GE 口,用于在控制框内与 CHUB 单板进行级连。UIMC 提供控制框、交换框内时钟驱动功能,输入 8 K、16 M 信号,经过锁相、驱动后分发给各个槽位,为单板提供 16 M 和 8 K 时钟。同时,UIMC 提供控制框和交换框的管理接口;同时提供控制框、交换框单板复位和复位信号采集功能。

控制处理板 CMP:主要完成 PS/CS 域的业务呼叫控制管理和系统自身的资源管理。

OMP 单板:负责处理全局过程并实现整个系统操作维护相关的控制(包括操作维护代理);通过 100 M 以太网与 iOMCR 连接。OMP 板作为 ZXG10 iBSC 操作维护的核心,它直接或间接监控和管理系统中的单板,提供以太网和 RS485 两种链路对系统单板进行配置管理。

CLKG 单板:负责系统的时钟供给和外部同步功能。它通过 A 口提取时钟基准,经过板内同步后,驱动多路定时基准信号给各个接口单元使用。可以通过后台或手动选择基准来源,包括 BITS、线路(8K)、GPS、本地(二级或三级),且手动倒换可以通过软件屏蔽。

CHUB 单板:和 UIMC/UIMU 板配合,负责系统内部控制面数据流的交换和汇聚。

步骤 4:查看 iBSC 资源框单板及指示灯

记录资源框单板,熟悉单板位置、功能,观察控制框单板指示灯。iBSC 资源框前面板示意图如图 1.2.3 所示。

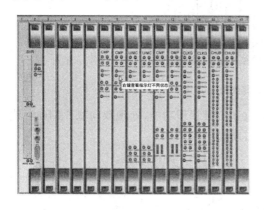

图 1.2.2　iBSC 控制框前面板示意图

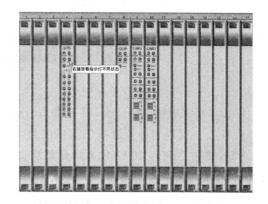

图 1.2.3　iBSC 资源框前面板示意图

用户面通用接口模块(UIMU)主要完成资源框内部以太网二级交换、电路域时隙复接交换、资源框管理等功能;同时提供资源框对外接口。UIMU 提供资源框内时钟驱动功能,输入 8 K、16 M 信号,经过锁相、驱动后分发给资源框的各个槽位,为资源框单板提供 16 M

和 8 K 时钟。同时，UIMU 提供资源框管理功能，对资源框内提供资源框 RS485 管理接口；同时提供资源框单板复位和复位信号采集功能。

根据实现的功能不同，GUP 板可作为两种功能板：Abis 接口处理板 BIPB 和双速率变换板 DRTB。作为 BIPB 时，从 Abis 口接收 TDM 数据，经电路交换单元分发到 DSP 单元处理，转换成 IP 数据包，经以太网交换单元送至其他单板处理；作为 DRTB 时，接口单元从用户面以太网接收语音数据 IP 包，分发到 DSP 进行码型变换和速率适配后，转换成 PCM 码流，经 UIMU 交换到中继板。

SPB 根据实现的功能不同，可用作 LAPD 处理板 LAPD、信令处理板 SPB 和 Gb 接口处理板 GIPB。LAPD 板主要完成 LAPD 信令的处理。来自 BTS 的 LAPD 信令由 DTB/SPB 板接入，通过本资源框 UIM 板上的电路交换网交换到 LAPD 板，由 LAPD 板完成 LAPD 的处理。

信令处理板 SPB 主要完成 MTP2、X.25 协议的处理。支持从线路提取 8K 同步时钟，通过电缆传送给时钟产生板作为时钟基准。

Gb 接口处理板 GIPB 完成 GPRS 的 FR、NS 和部分 BSSGP 处理，并完成 Gb 接口功能。

步骤 5：查看 iBSC 交换框单板及指示灯

记录交换框单板，熟悉单板位置、功能，观察交换框单板指示灯。iBSC 交换框前面板示意图如图 1.2.4 所示。

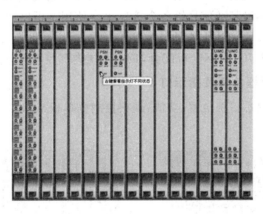

图 1.2.4　iBSC 交换框前面板示意图

GLI 单板完成物理层适配、IP 包查表、分片、转发和流量管理功能，处理双向 2.5 Gbit/s 线速处理转发。实现和各资源框的接口以及对外接口功能。

PSN 提供双向各 40 Gbit/s 用户数据交换能力，支持 1+1 负荷分担。

步骤 6：查看 iBSC 外部连线

点开 iBSC 后插板控制框，观察 iBSC 外部连线。

1. 查看时钟连线

iBSC 时钟连线如图 1.2.5 所示。

2. 查看电源及维护连线

iBSC 电源及维护连线如图 1.2.6 所示。

图 1.2.5　iBSC 时钟连线图

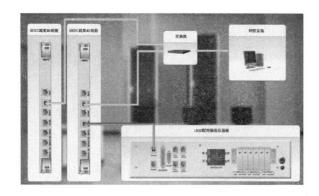

图 1.2.6　iBSC 电源及维护连线图

3. 查看 BSC 到 BTS 连线

iBSC 到 BSC 连线如图 1.2.7 所示。

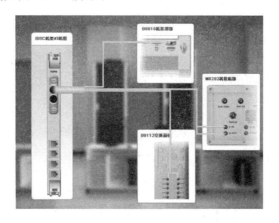

图 1.2.7　iBSC 到 BTS 连线图

五、任务成果

1. 画出 iBSC 机框配置图。

2. 说明 RUN、ALM、ACT、ENUM 指示灯的颜色、含义、状态。

3. 根据 iBSC 时钟连线图,说明 iBSC 时钟提取和分发路径。

注:请保留图纸,后续配置任务将会使用。

六、拓展提高

1. 说明 iBSC 系统控制面以太网互联的实现。

2. 说明 iBSC 系统的用户面互联的实现。

任务 3　认识 CDMA BTS 设备

一、任务介绍

作为初步踏上基站维护工作岗位的你,需要按照 CDMA 2000 基站机房的操作规范要求,完成设备的初步认识工作,记录槽位上对应的单板,并绘制基站机房内 BTS 设备的机框图。

BTS 在 CDMA 2000 网络中的位置如图 1.3.1 所示。

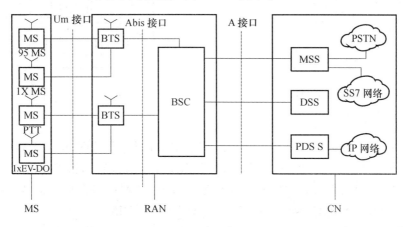

图 1.3.1　CDMA 2000 系统架构

二、任务用具

中兴公司 CBTS I2 一台;GPS 天馈系统一套;相关直流电源设备一套。

三、任务用时

建议 2 课时。

四、任务实施

步骤 1:绘制 ZXC10 CBTS I2 设备机框图

请按照实验任务的要求,绘制 ZXC10 CBTS I2 设备的机框图,记录单板名称及所在的槽位号。

中兴 ZXC10 CBTS I2 包括 3 个子系统:基带数字子系统(BDS)、射频子系统(RFS)和电源系统(PWS),如图 1.3.2 及图 1.3.3 所示。

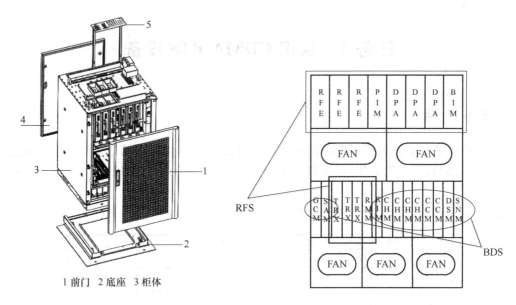

图 1.3.2　ZXC10 CBTS I2 外形　　　　图 1.3.3　ZXC10 CBTS I2 物理架构

1. BDS

BDS(Baseband Digital Subsystem)是 BTS 中最能体现 CDMA 特征的部分,包含了 CDMA 许多关键技术:如扩频解扩、分集技术、RAKE 接收、软切换和功率控制。BDS 是 BTS 的控制中心、通信平台,实现 Abis 接口通信以及 CDMA 基带信号的调制解调。其包括的单板有:DSM、SNM、CCM、CHM、RIM、SAM、GCM、RIM。

(1) DSM(Data Service Module):数据服务模块

DSM 实现 Abis 接口的中继功能、Abis 接口数据传递和信令处理功能,DSM 单板根据需要对外可提供 4 条、8 条、12 条、16 条 E1/T1,可灵活配置用来与上游 BSC 连接以及与下游 BTS 连接,同时 DSM 可以接传输网,支持 SDH 光传输网络。

(2) SNM (SDH Network Module):SDH 接口模块

SNM 单板主要完成将 Abis 口的低速链路承载在 STM-1 上,从而实现 Abis 数据远距离传输的功能。SNM 单板对外提供一对光纤接口,该光纤接口可以用于与 BSC 接口或与其他 BTS 连接。

(3) CCM (Communication Control Module):通信控制模块

CCM 主要提供两大功能:构建 BTS 通信平台和集中 BTS 所有控制。CCM 是整个 BTS 的信令处理、资源管理以及操作维护的核心,并负责 BTS 内数据、信令的路由。它也是信令传送真正的集中点,BTS 各单板之间与 BTS 与 BSC 单板之间的信令传送都由 CCM 转发。

(4) CHM(Channel Processing Module):信道处理板

CHM 主要完成基带的前向调制与反向解调,实现 CDMA 的多项关键技术,如分集技术、RAKE 接收、更软切换和功率控制等。

目前 BDS 子系统中的 CHM 包括:CHM0、CHM1.CHM2.CHM3,CHM0、CHM3 单板支持 CDMA2000-1X 的业务,CHM1 单板支持 CDMA2000-1X EV-DO Release 0 业务,

CHM2 单板支持 CDMA2000-1X EV-DO Release 0 & REV A 业务。

（5）RIM(RF Interface Module)：射频接口模块

射频接口模块是基带系统与射频系统的接口。前向链路上 RIM 将 CHM 送来的前向基带数据分扇区求和，将求和数据、HDLC 信令、GCM 送来的 PP2S 信号复用后送给 RMM；反向链路上 RIM 通过接收 RMM 送来的反向基带数据和 HDLC 信令，根据 CCM 送来的信令进行选择，并将选择后的基带数据和 RAB 数据广播送给 CHM 板处理，HDLC 数据送给 CCM 板处理。

（6）BIM(BDS Interface Module)：BDS 接口模块

BIM 为可拔插的无源单板，完成系统各接口的保护功能及接入转换，提供 BDS 级联接口、测试接口、勤务电话接口、与 BSC 连接的 E1/T1/FE 接口以及模式设置等功能。

（7）SAM（Site Alarm Module)：现场告警板 SAM

SAM 位于 BDS 插箱中，主要功能是完成 SAM 机柜内的环境监控，以及机房的环境监控。

（8）GCM（GPS Control Module)：GPS 接收控制模块

GCM 是 CDMA 系统中产生同步定时基准信号和频率基准信号的单板。GCM 接收 GPS 卫星系统的信号，提取并产生 1PPS 信号和相应的导航电文，并以该 1PPS 信号为基准锁相产生 CDMA 系统所需要的 PP2S、16CHIP、30 MHz 信号和相应的 TOD 消息。GCM 具有与 GPS /GLONASS 双星接收单板的接口功能。

2. RFS

RFS(Radio Frequency Subsystem)完成 CDMA 信号的载波调制发射和解调接收，并实现各种相关的检测、监测、配置和控制功能。RFS 由机柜部分和机柜外的天馈线部分组成。天馈线部分包括天线、馈线及相应的结构安装件，典型的天馈线部分由天线、天线跳线、主馈线、避雷器、机顶跳线、接地部件等组成。机柜部分包括如下单板：RMM、TRX、DPA、RFE、PIM。

（1）RMM(RF Management Module)：射频管理模块

RMM 作为射频系统的主控板，主要完成三大功能：对 RFS 的集中控制，包括 RFS 的所有单元模块，如 TRX、PA、PIM；完成"基带—射频接口"的前反向链路处理；系统时钟、射频基准时钟的处理与分发。

（2）TRX（RF Transceiver)：收发信机模块

TRX 位于 BTS 的射频子系统中，是射频子系统的核心单板，也是关系基站无线性能的关键单板，1 块 TRX 可以支持 4 载扇的配置。在前向链路信号处理过程中，TRX 接收 RMM 发过来的前向基带信号，由前向数字中频处理电路完成信号的上变频、正交数字调制和中频数字合路，然后进行削峰处理后经中频数模（D/A）变换和模拟上变频到射频，再由 TX 处理前向功率衰减控制、射频放大和射频滤波。在反向链路信号处理过程中，经 RFE 送来的主/分集天线射频信号输入到 RX0 和 RX1，由 RX0 和 RX1 进行射频滤波、射频放大、射频模拟下变频、中频放大、中频滤波、反向衰减控制等处理，再由模/数转换（A/D）将模拟射频信号变为数字射频信号，数字射频信号在反向数字中频电路中进行正交解调，调解后的信号经过自适应干扰处理后输出到对应的基带时隙。

（3）DPA(Digital Power Amplifier)：数字功放

DPA（数字预失真功放）将来自 TRX 的前向发射信号进行功率放大，使信号以合适的功率经射频前端滤波处理后，由天线向小区内辐射，支持 800 MHz、1 900 MHz、450 MHz 三个频段。

（4）RFE：射频前端

RFE 主要实现射频前端功能及反向主分集的低噪声放大功能，RFE 有两种类型：RFE_A（4 载波及其以下应用）和 RFE_B（4 载波以上应用）。

（5）PIM(PA Interface Module)：功放接口模块

PIM 单板位于 PA/RFE 框，主要实现对 DPA 与 RFE 进行监控，并将相关信息上报到 RMM。

步骤 2：绘制 GPS 天馈系统结构图

请按照实验任务的要求，绘制看到的 GPS 天馈结构图，记录看到的器件名称及型号。

GPS 天馈系统的功能是接收 GPS 卫星的导航定位信号，并解调出频率和时钟信号，以供给 CDMA 基站各相关单元，其系统结构如图 1.3.4 所示。

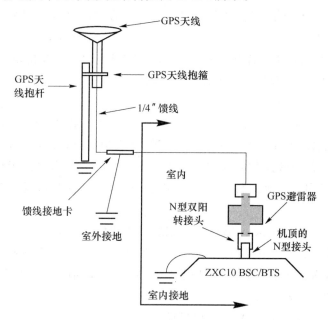

图 1.3.4　GPS 天馈线系统结构

1. GPS 天线

GPS 天线为有源天线，主要功能是接收 GPS 卫星信号给 GPS 接收机进行位置定位和授时，其外形如图 1.3.5 所示。

2. GPS 馈线

GPS 馈线的功能是连接 GPS 天线和 GPS 接收机，将 GPS 天线接收的信号送给 GPS 接收机处理，同时将 GPS 接收机提供的直流 5 V 电源转给 GPS 天线作为工作电压。馈线的选用原则是：

• 长度小于 100 m 时，选用 1/4 馈线，推荐使用 1/4 馈线，如图 1.3.5 所示；

图 1.3.5　GPS 天线、1/4 馈线、GPS 避雷器

- 长度小于 80 m 时,使用 Φ9 电缆(一般不选用);
- 长度大于 100 m 时,最好采用 7/8 电缆。

3. GPS 避雷器

GPS 避雷器用于基站设备的防护,安装在与 GPS 天线相连的同轴馈线和基站内部单板的天馈射频电缆之间,防止因雷电感应形成的暂态过电压对基站单板产生损害,如图 1.3.5 所示。

4. GPS 馈线接头

GPS 馈线接头为 N 型 1/4″直式电缆插头(针),是具有螺纹连接结构的中大功率连接器,具有抗震性强、可靠性高、机械和电气性能优良等特点,广泛用于有振动条件下的无线电设备和仪器中连接射频同轴电缆用,如图 1.3.6 所示。

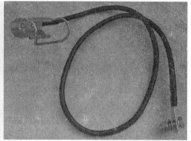

图 1.3.6　GPS 馈线接头、GPS 馈线接地卡

5. GPS 馈线接地卡

1/4″免胶型接地卡适用于 1/4″馈线的室外防雷接地,如图 1.3.6 所示。

五、任务成果

1. ZXC10 CBTS I2 机框图一幅。
2. GPS 天馈线系统结构图一幅。

注:请保留图纸,后续配置任务将会使用。

六、拓展提高

1. GPS 馈线如何接地? 需要接地几次?
2. 什么是 APM?

任务4 认识 CDMA BSC 设备

一、任务介绍

作为初步踏上维护岗位的你,需要按照 CDMA 2000 交换机房的操作规范要求,完成 ZXC10 BSC 设备认识任务,记录槽位上对应的单板,并绘制机框图。

BSC 在 CDMA 2000 网络中的位置如图 1.4.1 所示。

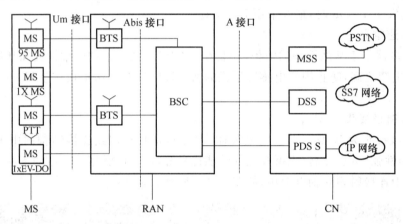

图 1.4.1 CDMA 2000 系统架构

二、任务用具

ZXC10 BSC 一台;相关服务器机柜一套;相关直流电源设备一套。

三、任务用时

建议 2 课时。

四、任务实施

步骤 1:绘制 ZXC10 BSCB 机框图

请按照任务的要求,绘制 ZXC10 BSCB 设备的机框图,记录单板名称及所在的槽位号。

机房采用的 CDMA 2000 基站控制器是中兴通讯股份有限公司开发的、基于全 IP 技术的新一代基站控制器 ZXC10 BSCB。BSC 是 RAN 的控制部分,主要负责无线网络管理、无线资源管理、RAN 的维护管理、呼叫处理,控制完成移动台的切换,完成语音编码及支持 1x 分组数据业务和 1xEV-DO 分组数据业务。BSC 通过 Abis 接口与 BTS 相连,通过 A 接口与 MSC、PDSS、DSS 相连。

BSCB 机柜从上到下主要由电源分配插箱、风扇插箱、业务插箱、GPS(全球定位系统)

插箱组成。业务插箱将各种功能单板组合起来构成一个独立的单元。业务插箱内配置的单板不同,所实现的业务也不同。业务插箱按照功能可以划分为一级交换插箱、控制插箱和资源插箱。

一级交换插箱作为 BSC 的核心交换系统,为系统内部各个功能实体之间以及系统外部各个功能实体之间提供必要的数据传递通道。一级交换插箱完成包括语音业务、数据业务在内的媒体流数据交互,并且可以根据业务的要求为不同的用户提供相应的 QoS(服务质量)功能。在容量较小的配置局中可不配置一级交换插箱。

控制插箱是 BSC 的控制核心,完成对整个系统的管理和控制。控制插箱完成包括信令、协议控制消息等控制流数据交互,并产生各种时钟信号。在容量较小的局中可不配置控制插箱。

资源插箱提供 BSC 的对外接口,完成各种方式的接入处理以及底层协议的处理。

GPS 插箱 BSC 配置 GCM 单板时,GPS 插箱是 BSC 必不可少的插箱,完成接收、分发 GPS 卫星系统信号的功能。为了满足市场的需求,还支持 GLONSS 卫星系统的信号提取,同时在最大限度内支持中国的北斗卫星定位系统。

电源分配插箱是 BSC 必不可少的插箱。完成防雷、电源滤波分配、动力和机房环境监控、散热功能。

步骤 2:查看 ZXC10 BSCB 控制框(BCTC)单板

请查看控制框单板,记录槽位,熟悉功能,观察单板接口及指示灯。

控制框是 BSC 的控制中心,负责整个系统的信令处理以及时钟信号的产生。控制框前面板包括:MP、UIM、CHUB、CLKG/CLKD、GCM。后插板:RMPB、RUIM2/RUIM3、RCHB1/RCHB2、RCKG1/RCKG2、RGCM。

MP 板:无硬盘,无后插板,是 BSC 的主处理板,具有极强的处理能力。一块 MP / MP2 单板上设计有两套 CPU 处理器,称为 CPU 子卡。两套 CPU 子卡的软件层面相互独立。当单板需要拔出时,由硬件信号通知两套 CPU 子卡分别倒换成备用。各 MP / MP2 单板进行 1+1 备份时,不能采用一块单板上的两套 CPU 来构成,而必须使用两块单板上对应位置的两套 CPU 子卡来构成主备。通过在 MP / MP2 的 CPU 子卡上加载不同的功能软件,可构成多种不同的功能模块,如表 1.4.1 所示。

表 1.4.1　MP 功能模块

单板	功能
OMP	操作维护处理(CPU2),在 BCTC 只有两块,放在 11.12 槽位,主备,有硬盘,有后插板 RMPB;以太网口 OMC1 未用,OMC2 接 OMC
CMP	呼叫主处理(CMP-1X、CMP-DO、CMP-V5)
DSMP	专用信令处理
RMP	资源管理处理(1X 业务专用)
SPCF	PCF 的信令模块(数据业务信令处理)
HDMP	Handoff MP 切换 MP
RPU	路由协议处理(CPU1)

CLKG:时钟产生板,为 BSC 的时钟产生板,采用热主备设计,主备 CLKG 锁定于同一基准,以实现平滑倒换。CLKG 单板将来自 DTB(数字中继板)或 SDTB(光数字中继板)的时钟基准 8 K 帧同步信号、来自 BITS(大楼综合定时源)系统的 2 MHz/2 Mbit/s 信号或来自 GCM 板的 8 K 时钟(PP2S,16CHIP)信号作为本地的时钟基准参考,保持与上级局的时钟同步。CLKG 板既可以提供基准丢失的告警信号,也可对基准信号进行降质判别。手动选择基准顺序为:2 Mbit/s 1→2 Mbit/s 2→2 MHz 1→2 MHz 2→8K 1→8K 2→8K 3→NULL;输出 15 路 16.384 M、8 K、PP2S 时钟信号给 UIM(通用接口模块)。

UIM:通用接口单元,分为 UIMU 和 UIMC 两种类型。UIMU 由 UIM 母板和 GXS(1 000 Mbit/s 以太网 BASE1000_X 子卡)组成,UIMC 由 UIM 母板和 GCS(1 000 Mbit/s 以太网互连子卡)组成。功能:插箱内部的管理功能,对内提供 RS485 管理接口;插箱内系统时钟接收和驱动分发功能。

UIMC:通用接口模块,主要完成控制插箱和一级交换插箱内部的以太网二级交换、插箱管理等功能;同时对内提供的一个 GE 电口,用于在控制插箱内与 CHUB 单板进行级连。

步骤 3:查看 ZXC10 BSCB 资源框(BUSN)单板

请查看控制框单板,记录槽位,熟悉功能,观察单板接口及指示灯。

资源子系统用来处理相关的底层协议,提供不同接入接口以及资源的处理。资源框前面板包括:UIMU、DTB/DTEC/SDTB/ESDT、ABPM、SDU、VTC、IWFB、HGM、IBB、IPCF、UPCF、IPI、SIPI(SIG-IPI)。后插板包括:RDTB、RGIM1、RMNIC、RUIM1。

UIMU:通用接口模块,主要完成资源插箱内部以太网二级交换、电路域时隙复接交换、插箱管理等功能,同时提供对外接口,包括与一级交换插箱相连的分组数据接口(GE 光口)以及与控制插箱相连的以太网接口。UIMU 提供两个 24+2 交换式 HUB,一个是控制面以太网 HUB,另一个是用户面以太网 HUB。

DTB:数字中继板,提供 32×E1/T1 物理接口(DTEC 带有回声抑制功能);实现局间 CAS(随路信令)和 CCS(共路信令)的传递;从线路提取 8 K 同步时钟,通过电缆传送给时钟单板 CLKG 作为时钟基准。DTB/DTEC 单板对应的后插板为 RDTB。

ABPM:Abis 处理单元,用于 Abis 接口的协议处理,提供低速链路完成 IP 压缩协议的处理。可处理 63 路 E1,对应的后插板为空面板。

SPB:信令处理板,完成窄带信令处理,可处理多路 SS7(七号信令)的 HDLC 及 MTP-2(消息传递部分级别 2)以下层协议,还能够支持 V5 协议处理,支持 V5 和 SS7 信令共存于同一系统。

HGM:HIRS 网关单元,作为兼容 CDMA IS-95. CDMA2000 1x HIRS(高速互联路由子系统)设备的 HIRS 网关,提供 HIRS BTS 到全 IP BSC 的 Abis 接入功能。HGM 实现 HIRS 协议与 IP 协议的转换,并在单板内部终结 HIRS 协议。

IPCF:PCF 接口模块,实现 PCF 对外部分组网络的接口,接收外部网络来的 IP 数据,进行数据的区分,分发到内部对应的功能模块上。IPCF 可以为 PCF 对外提供 4 个 FE 端口,用来连接 PDSN 和 AN AAA。

　　UPCF(分组控制功能用户面处理单元)单板提供 PCF 用户面协议处理,支持 PCF 的数据缓存、排序以及一些特殊协议的处理。

　　VTCD 配置于 BSC 的声码器子系统中,实现电路域的语音编解码,支持 VoIP(基于 IP 技术的语音)、速率适配和回声抑制功能。VTCD 提供 480 路编解码单元,支持 QCELP8K, QCELP13K 和 EVRC 的功能.

步骤 4:查看 ZXC10 BSCB 线缆

1. 查看操作维护线缆连接

　　ZXC10 BSCB 操作维护线缆如图 1.4.2 所示,请观察机房内 ZXC10 BSCB 操作维护线缆。

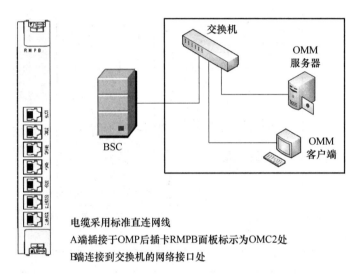

电缆采用标准直连网线
A端插接于OMP后插卡RMPB面板标示为OMC2处
B端连接到交换机的网络接口处

图 1.4.2　BSCB 维护线缆

2. 查看用户面的互联线缆

　　ZXC10 BSCB 用户面互联通过 UIMC 的光接口实现,如图 1.4.3 及图 1.4.4 所示,请观察并记录实验室 ZXC10 BSCB 用户面互联线缆,完成任务要求。

　　多于两个 BUSN 时,需要一级交换框,通过前面板光纤互联。

3. 查看控制面的互联线缆

　　ZXC10 BSCB 控制面互联通过 UIMC 及 UIMU 的后插板 FE 接口的网线实现,如图 1.4.5所示,请观察并记录机房内 ZXC10 BSCB 控制面互联线缆,完成实验任务要求。

4. 查看时钟线缆

　　ZXC10 BSCB 时钟线缆如图 1.4.6 所示,请观察机房内 ZXC10 BSCB 时钟线缆。

　　线路 8K 时钟接口将线路上提取的 8 K 基准时钟信号送给 CLKG 进行锁相处理,产生系统同步时钟,实现与上级网元的电路域时钟同步。采用 H-CLK-004 电缆,采用 4 芯单股圆线,电缆两端接头均为 8P8C 直式电缆压接屏蔽插头(即 RJ45 接头)。

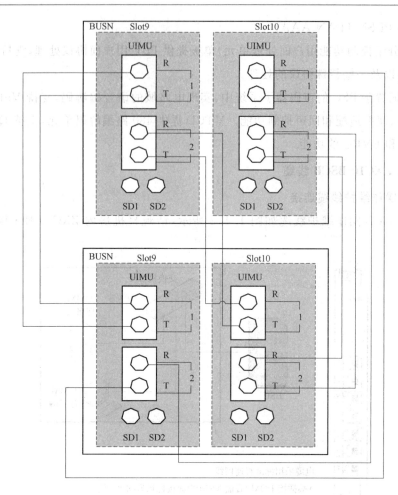

图 1.4.3　ZXC10 BSCB 两个资源框时用户面互联图

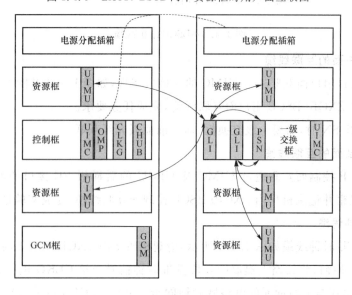

图 1.4.4　ZXC10 BSCB 两个以上资源框时用户面互联图

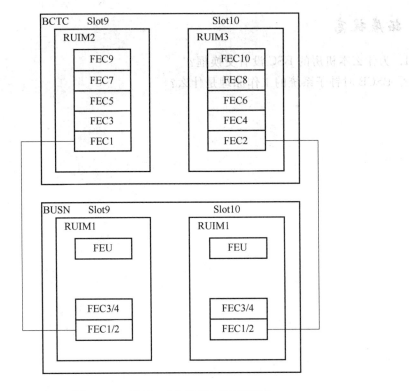

图 1.4.5　ZXC10 BSCB 控制面互联图

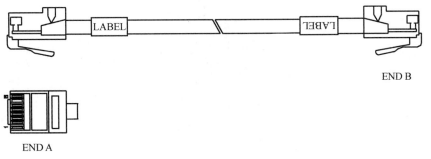

A 端插接于 RDTB（DTB 后插板）的标记位置 "8KOUT/DEBUG-232" 处；
B 端插接在后插板 RCKG1 的标记位置"8KIN1"处。

图 1.4.6　ZXC10 BSCB 时钟线缆

五、任务成果

1. 实验室 ZXC10 BSCB 机框图一幅。

2. 实验室 ZXC10 BSCB 用户面互联图一幅。

3. 实验室 ZXC10 BSCB 控制面互联图一幅。

注：请保留图纸，后续配置任务将会使用。

六、拓展提高

1. 为什么本机房的 BSC 没有交换框？
2. BSCB 时钟子系统的工作原理是什么？

任务 5　认识 CDMA 2000 核心网设备

一、任务介绍

作为初步踏上维护岗位的你,需要按照机房的操作规范要求,完成设备认识任务,记录槽位上对应单板,绘制机房内 Phase2 CDMA 2000 核心网设备的机框图。

CDMA 2000 系统包含的设备如图 1.5.1 所示。

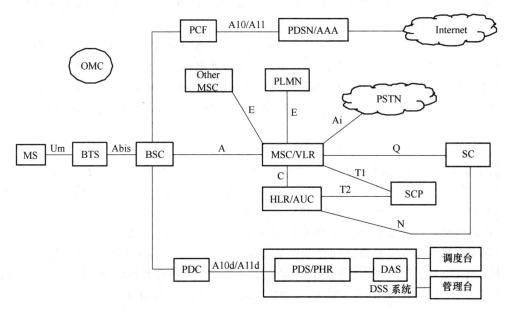

图 1.5.1　Phase2 CDMA2000 系统架构

CDMA 技术体制从最初的 IS-95 向 CDMA2000 系列演进,CDMA2000 向 ALL-IP 网络演进分为 Phase0、Phase1. Phase2 和 Phase3 四个阶段。

Phase0:该阶段为传统的电路模式无线网,支持电路交换和分组交换技术。

Phase1:该阶段支持电路交换和最初的基于网络的分组交换技术。

Phase2:该阶段引入传统的 MS 域 LMSD 概念,是向 All-IP 网络演进的第一步,信令和传输承载独立演进,核心网与接入网独立演进,核心网可继续使用已有的承载架构,提供对传统的 TIA-41 网络已有业务的支持。

Phase3:该阶段被称为 MMD(多媒体域),是向 ALL-IP 演进过程的顶点,其显著标志是空中接口的扩展 IP 传输。

二、任务用具

ZXC10 MSCe 一台,ZXC10 MGW 一台,ZXC10 HLRe 一台,相关服务器机柜,相关直流电源设备一套。

三、任务用时

建议 2 课时。

四、任务实施

步骤 1：查看核心网的硬件

请结合图 1.5.1，观察机房的 CDMA 2000 核心网设备有哪些，记录各自的型号。

核心网的硬件平台具有模块化的特点，不论 MGW，MSCe，还是 HLRe 都具有相同或相似的硬件子系统。这些子系统分别是资源子系统、信令控制子系统、核心包交换子系统和核心电路交换子系统。

资源子系统在 3GCN 核心网中用于承载物理接口板和业务处理板，它是系统中应用最广泛的一个物理和逻辑载体。其主要功能是将各种外围接入方式集中或转换成系统所需要的电路或数据 IP 流或控制 IP 流，也包含对系统资源的分配和承载。BUSN 是资源子系统中的背板，能广泛混插各种物理接口板和业务处理板。资源子系统包含的单板有：UIM/DTB/MRB/VTCD/IWFB/MNIC。

信令控制子系统在 3GCN 核心网中用于承载信令处理板、协议处理板，采用背板 BCTC构成，主要完成控制面媒体流的汇接和处理，并在多框设备中构成系统的分布式处理平台。

信令控制子系统也用于单独构成信令网关等设备。BCTC 为信令控制子系统的背板。信令控制子系统包含的单板有：SPB/MNIC/MPB/CHUB。

核心包交换子系统在 3GCN 核心网中用于提供大容量的包交换，采用背板 BPSN 构成。它为产品内部各子系统之间以及产品互连的外部功能实体间提供必要的数据传递通道，用于完成包括定时、信令、语音业务、数据业务等在内的多种数据的交互以及根据业务的要求，根据不同的用户提供相应的 QoS 功能。包含的单板有：GLI/PSN。

核心 T 网子系统在 ZXC10 3GCN 中用于实现大容量的电路交换网，采用背板 BCSN构成。它主要完成电路域的交换功能，用于构架大容量的 MGW。

步骤 2：绘制 ZXC10-MSCe 设备机框图

请按照任务的要求，绘制 ZXC10-MSCe 设备的机框图，记录单板名称及所在的槽位号。

ZXC10-MSCe 是多种逻辑功能实体的集合，提供综合业务的呼叫控制、连接以及部分业务功能，是 LMSD 核心网中提供电路域实时语音/数据业务呼叫、控制、业务的核心设备。

根据网络规划，ZXC10-MSCe 可充当拜访 MSCe(VMSCe)、关口 MSCe (GMSCe)、汇接 MSCe (TMSCe)或功能合一的 MSCe。ZXC10-MSCe 的主要功能是业务和控制、呼叫和承载分离，各实体之间通过标准的协议进行连接和通信。

ZXC10 MSCe 由以下两部分组成。

前台部分：控制子系统是构成 ZXC10 MSCe 的基础。根据系统容量的要求，可以使用一个或多个控制子系统。系统容量的扩充可通过简单的子系统叠加来实现。控制子系统，承载背板为 BCTC，完成系统控制流的汇接，实现信令、协议的分布式处理功能。

后台部分：提供操作维护管理功能，包括计费、合法监听、数据维护、软件版本升级等，同时提供至网管中心和计费中心的接口。

ZXC10 MSCe 硬件结构分为：接入单元、交换单元、处理单元、时钟单元。

1. 接入单元

SPB(SS7 信令处理板)，提供 16 条 E1/T1 的接入和 SS7 的 MTP2 协议处理，将 MTP3 以上的消息作为净荷载，封装在内部消息中，通过 UIMC 分发到各个 SMP 进行处理。SPB 支持从线路提取 8 kHz 同步时钟，并送给时钟板作为时钟基准。

MNIC(多功能网络接口板，MNIC 电路板逻辑标识为 SIPI)，实现 BSC 与 MSCe 的 A1p 接口功能，控制面局间接口；对外提供 4 个 FE 接口，IP 信令消息接入后，进行 SCTP/IP 协议栈处理，处理后将上层信令消息通过 UIMC 分发给各个 SMP 进行处理。反方向的处理过程刚好相反。

2. 交换单元

UIMC(通用接口模块板)，实现子系统内部的控制面以太网交换，并提供子系统互连的 FE 接口。

3. 处理单元

处理单元是 MSCe 的核心，完成上层信令的处理、实现 MSCe 的业务功能。处理单元包括若干不同功能的主处理板 MPB 模块，分为：

- OMP(操作维护处理单元)，实现操作维护功能，提供控制子系统与后台 OMC 服务器之间的以太网接口；
- RPU(路由处理单元)，完成路由协议 RIP/OSPF/BGP 的处理；
- SMP(业务处理单元)，完成上层 SS7 信令和 IP 信令的处理，保存 VLR 数据，实现 MSCe 的业务功能；
- CIB(计费接口板)，接收 SMP 的原始计费数据 CDR，缓存后通过以太网接口发送给后台的计费服务器。

4. 时钟单元

时钟单元为 MSCe 中需要同步时钟的单元提供全局同步时钟。时钟单元包括 CLKG 板，实现 BITS 时钟接入、线路提取时钟的接入、时钟同步锁相、时钟分发功能。

步骤 3：绘制 ZXC10-MGW 设备机框图

请按照任务的要求，绘制 ZXC10-MGW 设备的机框图，记录单板名称及所在的槽位号。

ZXC10-MGW 由资源子系统、核心交换子系统和信令控制子系统所组成。若干个信令控制子系统构成了系统的控制中心，其中，主信令控制子系统汇接其他子系统的控制面，并连接到 OMC。

ZXC10-MGW 按逻辑功能划分，可分为数字中继单元、码型变换单元、媒体资源单元、交换单元、IP 接入单元、控制面处理单元和时钟单元。

1. 数字中继单元

DTB 数字中继板，提供 32×E1/T1 物理接口(DTEC 带有回声抑制功能)；实现局间 CAS(随路信令)和 CCS(共路信令)的传递；从线路提取 8 K 同步时钟，通过电缆传送给时钟单板 CLKG 作为时钟基准。DTB/DTEC 单板对应的后插板为 RDTB。

2. 码型变换单元

VTCD 单板完成网络侧 64 kbit/s PCM 时隙数据与空中接口压缩比特流的转换，支持现阶段的 SMV、EVRC、QCELP、G.723.1、G.729、G.711 等编解码功能，每板处理能力 480

路,可以平滑升级至每板 960 路。

3. 媒体资源单元

媒体资源电路板实现电路交换侧的 480 路媒体资源功能,具体有如下功能:提供 480 路 Tone/Voice、DTMF Detection/Generation、MFC Detection/Generation、Conference Call 的资源功能,实现每组 3 方~120 方的任意配置。各种业务功能以 120 路为一基本子单元,软件可按子单元为单位进行配置。

4. 交换单元

UIMT 为系统内部各个功能实体之间以及产品系统之外的功能实体间提供必要的数据传递通道,用于完成包括定时、信令、语音业务、数据业务等在内的多种数据的交互以及根据业务的要求,根据不同的用户提供相应的 QoS 功能。

5. IP 接入单元

SIPI(Sigtran IP 承载接入板)SIPI 实现 BSC 与 MSCe 的 A1p 接口,控制面局间接口。

IPI(Sigtran IP 承载接入板)SIPI 实现 BSC 与 MSCe 的 A2p 接口,媒体面局间接口。

6. 控制面处理单元

控制面处理单元只有 OMP、SPB 单板。

7. 时钟单元

时钟单元包含 CLKG 单板。

步骤 4:绘制 ZXC10 HLRe 设备机框图

请按照任务的要求,绘制 ZXC10 HLRe 设备的机框图,记录单板名称及所在的槽位号。

ZXC10 HLRe 前台设备是指 HLRe 前置机,是 HLRe 与其他功能实体之间的接口以及核心业务处理模块。ZXC10 HLRe 后台设备包括 HDBAgent 服务器、应用服务器(DBIO)、数据库服务器系统、操作维护中心(OMC)服务器和本地客户端(又称维护台)、受理台,以及远程维护台(可选)等。

五、任务成果

1. MSCe 机框图一幅。
2. MGW 机框图一幅。
3. HLRe 及框图一幅。

注:请保留图纸,后续配置任务将会使用。

六、拓展提高

1. 为什么实验室的 CDMA 2000 核心网没有 AUC?
2. CDMA 2000 核心网分组域主要的网元有哪些?

任务 6　认识 WCDMA NodeB 设备

一、任务介绍

作为初步踏上基站维护工作岗位的你,需要按照机房的操作规范要求,完成设备认识任务,记录槽位上对应的单板,绘制 DBS3900 设备的机框图。

WCDMA UTRAN 系统包含的设备如图 1.6.1 所示。

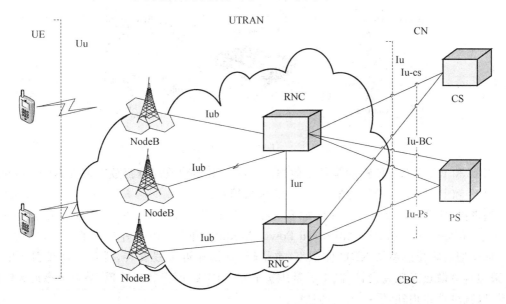

图 1.6.1　UTRAN 系统架构

WCDMA(Wideband Code Division Multiple Access),是一种第三代无线通信技术。W-CDMAWideband CDMA 是一种由 3GPP 具体制定的,基于 GSM MAP 核心网,UT-RAN(UMTS 陆地无线接入网)为无线接口的第三代移动通信系统。目前中国联通采用的是此种 3G 通信标准。

UTRAN(UMTS Terrestrial Radio Access Network),即 UMTS 陆地无线接入网。UTRAN 是一种全新的接入网,是 UMTS 最重要的一种接入方式,适用范围最广。UT-RAN 由 NodeB 和无线网络控制器(RNC)构成,NodeB 相当于 GSM BTS,RNC 相当于 GSM BSC。

二、任务用具

DBS3900 一台,RRU 3804 一台,相关服务器机柜一套,相关直流电源设备一套。

三、任务用时

建议 2 课时。

四、任务实施

步骤 1：了解 DBS3900 设备

DBS3900 系统是分布式基站，其结构如图 1.6.2 所示。DBS3900 具有基带模块与射频模块分离、支持分散安装的特点，便于搬运、配置和安装。

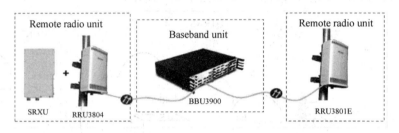

图 1.6.2　DBS3900 系统结构

BBU 和 RRU 之间传输的是基带数据。中频和射频功放部分都放在室外 RRU 部分处理。BBU 和 RRU 通过光纤传输，工程施工大大简化。

基带处理模块 DBS3900 占地面积小、易于安装、功耗低，便于与现有站点共存。DBS3900 可安装于 APM30(Advanced Power Module)和 OMB(室外小机柜)内。

室外型射频拉远模块 RRU 体积小、重量轻，支持靠近天线安装，避免长馈线引入的损耗，采用自然散热无风扇设计，减少日常维护成本。RRU 可安装于楼顶、塔上等靠近天馈的位置，以减少馈线损耗，提高基站的性能。

步骤 2：绘制 DBS3900 机框图

请按照任务要求，绘制 DBS3900 设备的机框图，记录单板名称及所在的槽位号。

DBS3900 采用盒式结构，是一个 19 英寸宽、2U 高的小型化的盒式设备，如图 1.6.3 所示。DBS3900 槽位如图 1.6.4 所示。

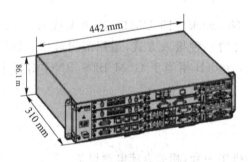

图 1.6.3　DBS3900 外形

FAN	Slot0	Slot4	PWR1
	Slot1	Slot5	
	Slot2	Slot6	PWR2
	Slot3	Slot7	

图 1.6.4　DBS3900 槽位

DBS3900 主要单板与单板配置原则如表 1.6.1 所示。

表 1.6.1 DBS3900 单板配置原则

单板	全称	配置	MAX	安装槽位
WMPT	WCDMA Main Processing and Transmission Unit	必配	2	Slot6 或 Slot7，优先 Slot7
WBBP	WCDMA Baseband Process Unit	必配	6	Slot0～Slot5，优先 Slot3.0、1，Slot2 预留
UBFA	Universal BBU Fan Unit Type A	必配	1	FAN
UPEU	Universal Power and Environment Interface Unit	必配	2	PWR1.PWR2，优先 PWR2
UEIU	Universal Environment Interface Unit	选配	1	PWR1.PWR2，优先 PWR1
UTRP	Universal Transmission Processing Unit	选配	5	Slot0～Slot5
UELP	Universal E1/T1 Lighting Protection Unit	选配	2	E1 少于 4 路配 1 块安装在 Slot4 槽；大于 4 路小于 8 路配两块安装在 Slot0 和 Slot4 槽；大于 8 路配置 SLPU，UELP 安装在 SLPU 中
UFLP	Universal FE/GE Lighting Protection Unit	选配	2	Slot0 或 Slot4，优先安装在 Slot4

WMPT 单板是 DBS3900 的主控传输板，为其他单板提供信令处理和资源管理功能。完成配置管理、设备管理、性能监视、信令处理、主备切换等功能，并提供与 OMC（LMT 或 M2000）连接的维护通道。最多 2 块，6、7 号槽位，优先 7 号槽位。

WBBP 单板是 DBS3900 的基带处理板，主要实现基带信号处理功能，包括：提供与 RRU/RFU 通信的 CPRI 接口，支持 CPRI 接口的 1＋1 备份；处理上/下行基带信号。

UBFA 模块是 DBS3900 的风扇模块，主要用于风扇的转速控制及风扇板的温度检测。最大单板数：1 块，必配单板。

UPEU 单板是 DBS3900 的电源单板，用于实现−48 V DC 或＋24 V DC 输入电源转换为＋12 V 直流电压。最大单板数：2 块，必配，1＋1 备份。UPEU 有两种单板类型，分别为 UPEA（Universal Power and Environment Interface Unit Type A）和 UPEB（Universal Power and Environment Interface Unit Type B），UPEA 单板是将−48 V DC 输入电源转换为＋12 V 直流电源；UPEB 单板是将＋24 V DC 输入电源转换为＋12 V 直流电源。

步骤 3：查看 RRU3804 设备

请按照任务要求，观察 RRU3804 的底部面板、配线腔面板和指示灯面板。

RRU 是射频远端处理单元。其外形如图 1.6.5 所示。RRU 的主要功能如下。

1. 通过天馈接收射频信号，将接收信号下变频至中频，并进行放大、模数转换、数字下变频、匹配滤波、DAGC（Digital Automatic Gain Control）后发送给 BBU 或宏基站进行处理。

2. 接收上级设备（BBU 或宏基站）送来的下行基带数据，并转发级联 RRU 的数据，将下行扩频信号进行成形滤波、数模转换、射频信号上变频至发射频段的处理。

3. 提供射频通道接收信号和发射信号复用功能，可使接收信号与发射信号共用一个天线通道，并对接收信号和发射信号提供滤波功能。

RRU3804 面板分为底部面板、配线腔面板和指示灯面板，如图 1.6.5 所示。

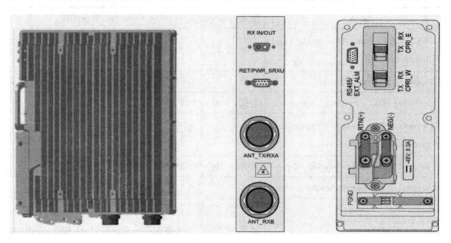

图 1.6.5　RRU 外形、底部面板、配线腔面板

RRU3804 面板标识说明如表 1.6.2 所示。

表 1.6.2　RRU3804 面板说明

底部面板说明		配线腔面板说明	
面板标识	说明	面板标识	说明
RX_IN/OUT	并柜互连接口	RS485/EXT_ALM	告警接口
RET/PWR_SRXU	电调天线通信接口/SRXU 的电源输出接口	CPRI_E/ CPRI_W	光接口
ANT_TX/RXA	主集发送/接收射频接口	RTN（＋）/NEG（－）	电源接口
ANT_RXB	分集接收射频接口	PGND	PGND 接线柱

步骤 4：查看 DBS3900 外部线缆

　　请按照任务要求，观察并记录 DBS3900 外部电源、传输及天馈系统线缆。DBS3900 结构及线缆连接示意如图 1.6.6 所示。

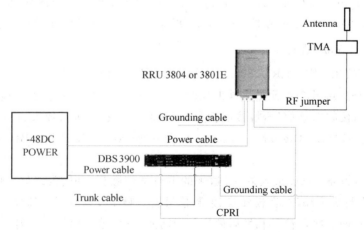

图 1.6.6　DBS3900 线缆

1. 查看 BBU 电源线

电源线分为－48 V 电源线、＋24 V 电源线，根据不同的输入电源情况，选用相应的电源线。电源线一端为 3V3 电源连接器，另一端为裸线，需现场根据配电设备的接头要求制作相应端子。以电源线的另一端为 OT 端子为例，外观如图 1.6.7 所示。

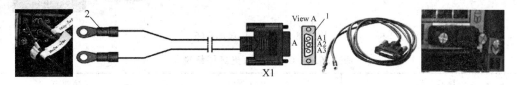

图 1.6.7　BBU 电源线

电源线为单根 2 芯线缆，－48 V 电源线，两根电源线分别为蓝色和黑色。＋24 V 电源线的外观与－48 V 电源线相同，但两根电源线分别为红色和黑色。芯线与芯脚说明如表 1.6.3 所示。

表 1.6.3　－48 V 电源线芯线与芯脚说明

芯脚	颜色	说明
A1	蓝	－48 V
A3	黑	GND

2. 查看 E1 线

E1 线用于连接 DBS3900 和 RNC，传输基带信号。E1 线分为 75 Ω E1 同轴线、120 Ω E1 双绞线。E1 线的一端为 DB26 公型连接器，另一端需要根据现场情况，制作相应的连接器，外观如图 1.6.8 所示。

图 1.6.8　E1 线

配置了 UELP 单板时，DB26 连接至 UELP 单板的 OUTSIDE 接口；未配置 UELP 单板时 DB26 连接至 WMPT 单板的 E1/T1 接口，另一端连接至对应的附属设备。

3. 查看 CPRI 接口光纤

CPRI 接口光纤用于连接 BBU 和 RRU，传输 CPRI 信号，两端均为 DLC 连接器，如图 1.6.9 所示。一端连接至 WBBP 的 CPRI 接口，另一端连接至 RRU 的 CPRI_W 接口。CPRI 接口光纤尾纤说明如表 1.6.4 所示。

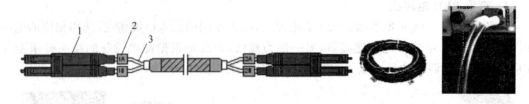

图 1.6.9　CPRI 接口光纤

表 1.6.4　CPRI 接口光纤尾纤说明

尾纤标识	尾纤颜色	连接到…
1A	橙色	RRU 的 RX 接口
1B	灰色	RRU 的 TX 接口
2A	橙色	BBU 的 TX 接口
2B	灰色	BBU 的 RX 接口

4. 查看 RRU 电源线

RRU 的电源线为－48 V 直流屏蔽电源线,用于将外部的－48 V 直流电源引入 RRU,为 RRU 提供工作电源。－48 V 直流电源线的一端为两个 OT 端子,另一端为裸线,外观如图 1.6.10 所示。OT 端子需要现场制作。蓝色芯线的 OT 端子与 RRU 配线腔中的 NEG(－)接口连接,黑色或棕色芯线的 OT 端子与 RRU 的 RTN(＋)接口连接,另一端连接到安装现场的供电系统。

5. 查看 RRU3804/SRXU 射频跳线

射频跳线分为天馈跳线和互连跳线。天馈跳线用于射频信号的输入和输出。互连跳线用于两个 RRU 之间的射频信号互连。

(1) 天馈跳线

用于射频信号的输入和输出,天馈跳线的两端为 DIN 公型连接器。如图 1.6.10 所示。RRU 与天线的距离在 14 m 以内,天馈跳线直接连接 RRU 和天线。当 RRU 与天线的距离超过 14 m 时,天馈跳线的长度不应超过 2 m。天馈跳线连接到馈线后,再连接 RRU 和天线。

(2) 互连跳线

用于两个 RRU 或两个 SRXU 之间的射频信号互连。根据站点的配置,互连跳线是可选的。互连跳线长度为 2 m,两端均为 2W2 型连接器。互连跳线的两端分别连接到两个 RRU 或两个 SRXU 的 RX_IN/OUT 接口上。外形如图 1.6.10 所示。

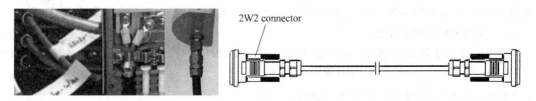

图 1.6.10　RRU 电源线、RRU 射频跳线及 RRU 互连跳线

五、任务成果

1. DBS3900 机框配置图一幅。
2. 外接 AC 到各框单板电源所经的单板和连线示意图一幅。
3. DBS3900 与 RRU 连线示意图一幅。

注：请保留图纸，后续配置任务将会使用。

六、拓展提高

1. 分布式基站有哪些应用场景？
2. 相对于传统的宏基站，分布式基站有什么优点？

任务7 认识 WCDMA RNC 设备

一、任务介绍

初步踏上维护岗位的你,需要按照机房的操作规范要求,完成 WCDMA BSC6810 设备认识的学习任务,并记录 WCDMA BSC6810 设备槽位上对应的单板,绘制 RNC 设备的机框图。

UTRAN 系统包含的设备如图 1.7.1 所示。无线网络控制器(Radio Network Controller,RNC)是第三代(3G)无线网络中的主要网元,是接入网络的组成部分,负责移动性管理、呼叫处理、链路管理和移交机制。

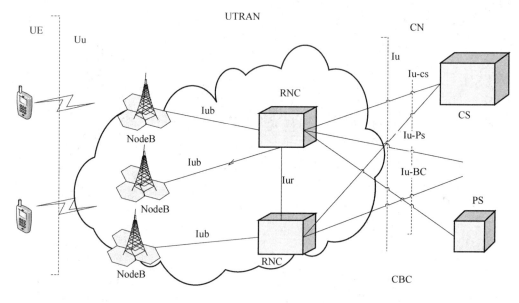

图 1.7.1 UTRAN 系统架构

二、任务用具

BSC6810 一台,相关服务器机柜一套,相关直流电源设备一套。

三、任务用时

建议 2 课时。

四、任务实施

步骤1:了解 BSC6810 设备的性能指标

RNC 和 NodeB 一起构成移动接入网络 UTRAN 。RNC 主要实现系统信息广播、切换、小区资源分配等无线资源管理功能。本任务查看的 RNC 是华为的产品 BSC6810（全IP），性能指标如表 1.7.1 所示。

表 1.7.1 BSC6810 性能指标

指标名称	指标值
最大机柜数目	2,1WRSR＋1WRBR
最大插框数目	6,1WRSS＋5WRBS
最大支持话务量	51 000 爱尔兰
最大支持 PS 域数据流量	3 264 Mbit/s（上行＋下行）
最大支持 NodeB 个数	1 700
最大支持小区个数	5 100

步骤 2：绘制 BSC6810 设备的机框图

请按照任务要求，绘制 BSC6810 设备的机框图，记录单板名称及所在的槽位号。

BSC 6810 采用华为 N68E-22 型机柜，指标如表 1.7.2 所示。BSC6810 机框结构如图1.7.2 所示。BSC6810 机架包括 2 种类型：WRSR 机架（WCDMA RNC 交换机架）和WRBR 机架（WCDMA RNC 业务机架），分别完成不同的功能。WRSR 机架的组成和WRBR 机架组成类似，都包括配电盒、插框、走线架、后走线槽。当 WRSR 配置成 3 个机框时，3 个机框从下到上编号为机框 0、1、2。当 WRBR 配置成 3 个机框时，3 个机框从下到上编号为机框 3、4、5。

表 1.7.2 N68E-22 型机柜指标

指标名称	指标值
外形尺寸	2 200 mm（高）×600 mm（宽）×800 mm（深）
可用空间高度	46 U
重量	机架：≤59 kg；空机柜时：≤100 kg，满配置时：≤350 kg
功耗	RSR 机柜：≤4 650 W

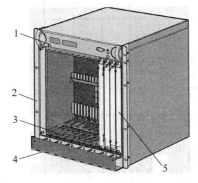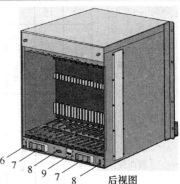

後视图

1—风扇盒   2—安装挂耳   3—单板滑道
4—前走线槽   5—单板   6—接地螺钉
7—直流电源输入接口 8—配电盒监控信号输入接口 9—拨码开关

图 1.7.2 BSC6810 机框结构图

每个 RNC 机柜内固定配置两个配电盒,配电盒安装在 RNC 机柜内的最顶部。RNC 配电盒可对输入到机柜的 2 路－48 V 电源提供内部防雷,过流保护功能。然后输出 6 组－48 V 电源,为机柜各功能模块提供工作电源。同时,配电盒内部对输入电源电压和分配后的输出电源状态进行检测,在其异常时给出告警信号。

围风箱位于机柜两个插框之间,用于挡风以形成直通风道。每台 RNC 机柜固定配置 2 个。

后走线槽用于插框后插单板线缆的走线和捆绑。每个后走线槽底部安装 3 个光纤缠绕盘,用于缠绕光纤。后走线槽配置在每个插框背面下方位置,每台 RNC 机柜固定配置 3 个。

BSC6810 采用华为公司 12U 屏蔽插框。机框类型分为 WRSS 和 WRBS。WRSR 机架包括:WCDMA RNC 交换插框(WRSS)、WCDMA RNC 业务插框(WRBS)和配电盒。WCDMA RNC 业务机架(WRBR)只包括 WCDMA RNC 业务插框(WRBS)和配电盒。

WRSS 插框结构如图 1.7.3 所示,WRBS 插框结构如图 1.7.4 所示。

14	15	16	17	18	19	20	21	22	23	24	25	26	27
RDIPNUTb	RDIPNUTb	RDIPNUTb	RDIPNUTb	RDIPNUTb	RDIPNUTb	OMUa		OMUa		RINT	RINT	RINT	RINT
中置面板													
SPUa	SPUa	SPUa	SPUa	SPUa	SPUa	SCUa	SCUa	DSPUUBa	DSPUUBa	DSPUUBa	DSPUUBa	GCUa	GCUa
00	01	02	03	04	05	06	07	08	09	10	11	12	13

图 1.7.3 WRSS 插框结构图

14	15	16	17	18	19	20	21	22	23	24	25	26	27
RDIPNUTb	RDIPNUTb	RDIPNUTb	RDIPNUTb	RDIPNUTb	RINT	RINT	RINT	RINT	RINT	RINT	RINT	RINT	RINT
中置背板													
SPUa	SPUa	SPUa	SPUa	SPUa	SPUa	SCUa	SCUa	DSPUUBa	DSPUUBa	DSPUUBa	DSPUUBa	DPUb	DPUb
00	01	02	03	04	05	06	07	08	09	10	11	12	13

图 1.7.4 WRBS 插框结构图

RINT 单板(接口单板)指 AEUa 单板、AOUa 单板、UOIa 单板、PEUa 单板、POUa 单板、FG2a 单板、GOUa 单板。

步骤 3：学习 WRSS 机框单板功能

WRSS 机框单板名称如表 1.7.3 所示。

表 1.7.3　WRSS 机框单板

SCUa	RNC Switch and control unit REV：a
OMUa	RNC operation and maintenance unit REV：a
SPUa	RNC signaling processing unit REV：a
DPUb	RNC data processing unit REV：b
GCUa/GCGa	RNC General Clock Unit REV：a
RINT	WCDMA RNC Interface board
AEUa	RNC 32-port ATM over E1/T1/J1 interface Unit REV：a
AOUa	RNC 2-port ATM over channelized Optical STM-1/OC-3 Interface Unit REV：a
UOIa	RNC 4-port ATM/IP over Unchannelized Optical STM-1/OC-3c Interface unit REV：a
FEUa	RNC 32-port Packet over E1/T1/J1 Interface Unit REV：a
FG2a	RNC packet over electronic 8-port FE or 2-port GE ethernet Interface unit REV：a
GOUa	RNC 2-port packet over Optical GE ethernet Interface Unit REV：a
POUa	RNC 2-port packet over channelized Optical STM-1/OC-3 Interface Unit REV：a

SCU 单板：本插框的配置维护主控板，为 RNC 各业务处理框提供业务数据和操作维护通道，为本插框单板提供 GE 交换，分发 RNC 各业务单板所需的时钟信号和 RFN(帧中继)信号，为 RNC 提供框间连接，固定配置在基本业务插框和扩展业务插框的第 6、7 号槽位，构成主备用关系。

OMU 单板：支持 3 个前面板以太网接口(10/100/1000 M Base-T 自适应)直接连到外网；提供两路背板 SERDES 到交换板的 GE 接口和主备 FE 通道实现主备 OMU、OMU 到 SCU 相连；提供 2 个 SAS 硬盘接口，外接两个硬盘，互为 Raid 1 镜像；提供 4 个 USB 2.0 接口(兼容 USB 1.1 标准)和一个 BMC 串口(兼作系统串口)；插在 0 号框的 20～23 槽位，每个单板占两个槽位。

SPUa 单板：1 块 SPUa 单板包含 4 个独立的子系统，每个框中有一个子系统作为 MPU 子系统进行用户面资源管理以及呼叫过程中的资源分配，其余的所有子系统负责处理 Iu/Iur/Iub/Uu 接口信令消息，完成信令处理功能。通过加载不同的软件，SPUa 单板可分为主控 SPUa 单板和非主控 SPUa 单板。主控 SPUa 单板用于管理本框用户面和信令面的资源，完成信令处理功能。非主控 SPUa 单板只用于完成信令处理功能。

DPUb 单板：一个 DPUb 单板包含 22 个 DSP，处理用户面数据的选择和分发，负责对接口板发送来的数据进行 L2 处理，分离出 CS 域数据、PS 域数据和 Uu 接口信令消息。数据处理单元具有以下功能模块：FP/MDC /MAC/RLC/PDCP/Iu UP/BMC/GTP-U。

GCU 单板：为通用时钟单元，提供系统时间同步所需的系统时间信息和传输同步所需要的同步定时信号，可以外扣 GPS 接收卡。固定配置在 0 号业务插框的第 12、13 号槽，构成主备用关系。

RINT 单板如表 1.7.4 所示。

表 1.7.4 RINT 单板

RINT		Interface
AEUa	32 路 ATM over E1/T1/J1 接口	Iub/Iucs/Iups/Iur
AOUa	2 路 ATM over 通道化 STM-1/OC-3 光接口	Iub/Iucs/Iups/Iur
UOI_ATM	4 路 ATM over 非通道化 STM-1/OC-3c 光接口	Iub/Iucs/Iups/Iur
PEUa	32 路 Packet over E1/T1/J1 接口	Iub/Iucs/Iur
FG2a	8 路 Packet over FE 电接口或 2 路 Packet over GE 电接口	Iub/Iucs/Iur/Iups
GOUa	2 路 Packet over GE 光接口	Iub/Iucs/Iur/Iups
UOI_IP	4 路 IP over 非通道化 STM-1/OC-3 接口板	Iub/Iucs/Iur/Iups
POUa	2 路 IP over 通道化 STM-1/OC-3c 接口板	Iub/Iucs/Iur

步骤 4:绘制 BSC6810 连线图

请观察记录 BSC6810 外部线缆。BSC6810 外部线缆如图 1.7.5 所示。

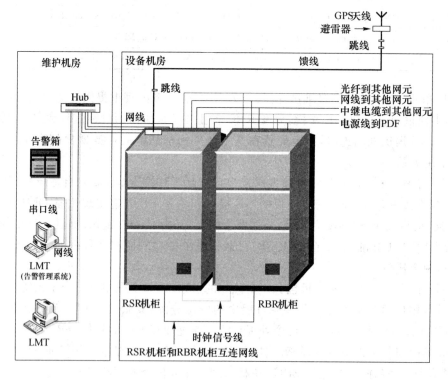

图 1.7.5 BSC6810 外部线缆

五、任务成果

1. BSC6810 机框图一幅。

2. BSC6810 外部连线草图一幅。

注：请保留图纸，后续配置任务将会使用。

六、拓展提高

1. BSC6810 设备信令面和控制面单板分别是什么？
2. 简述 Iu/Iur 接口控制信号流程。

任务 8　认识 WCDMA 核心网设备

一、任务介绍

作为初步踏上基站维护工作岗位的你,需要按照机房的操作规范要求,完成认识 WCD-MA 核心网设备的学习任务,记录各自机框槽位上对应的单板名称,绘制设备机框图。

二、任务用具

Msoftx3000 一台,UMG8900 一台,HLR9820 一台,相关服务器机柜一套,相关直流电源设备一套。

三、任务用时

建议 4 课时。

四、任务实施

步骤 1:认识 WCDMA R4 核心网结构

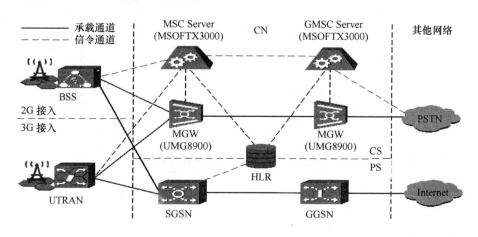

图 1.8.1　WCDMA R4 结构图

步骤 2:记录设备型号

机房采用华为全套核心网设备,请认真记录设备型号,并按任务要求,记录在实验任务单上。

步骤 3:绘制 MSC Server 设备机框图

请按照任务要求绘制机房 Msoftx3000(MSC Server)设备机框图,记录单板名称及所在的槽位号。

Msoftx3000 分为硬件部分和软件部分。硬件部分是 N68-22 机柜,软件部分采用 PC

服务器(BAM),安装 Windows 2000 Server 操作系统,SQL 2000 数据库和 Msoftx3000 软件包。N68E-22 机柜高 2 200 mm,宽 600 mm,深 800 mm。

根据机柜内配置的组件不同,机柜分为两种:综合配置机柜、业务处理机柜。其中,综合配置机柜必须配置,业务处理机柜为选配。系统最多可以配置 5 个机柜,包括 1 个综合配置机柜(编号为 0)和 4 个业务处理机柜(编号为 1～4)。Msoftx3000 最多可以安装 18 个 OS-TA(Huawei Open Standards Telecom Architecture Platform)机框,对应的机框编号为 0～17,其编号原则是:机架内的机框编号按照安装位置从下至上顺序编号;机架间的机框编号按照机架编号从小到大顺序递增。基本框只能配置 1 框,其编号固定为 0;扩容框最多可配置 17 框,其编号范围为 1～17。

Msoftx3000 机柜结构如图 1.8.2 所示。

图 1.8.2　Msoftx3000 满配置机架配置图

机框是系统的核心业务处理部分,其作用是将各种插入机框的单板通过背板组合起来构成一个独立的工作单元。

根据所配置的单板不同,机框分为两种:基本框,安装在综合配置机柜中,基本框必须配置。基本框配置在综合配置机柜中，提供时钟、E1、IP、ATM 等外部接口，并具有完整的业务处理功能。扩容框，是根据用户容量选配的业务处理框，与基本框配合完成业务的处理。

Msoftx3000 单板采用前、后插板结构，背板中置。其中，前插板完成业务处理和控制管理功能。后插板完成协议处理和接口扩展功能。背板提供板间信号的互连功能。

Msoftx3000 设备单板除 WHSC 和 WSIU 单板之外，均支持热插拔功能（指当单板处于工作状态时，可进行拔插操作），部分单板面板上有热插拔指示灯 OFFLINE，面板扳手上面有热插拔开关。单板插入机框中扳手合上时，热插拔开关闭合；扳手扳开时，开关断开，此时单板上 MBUS 模块向框内主控单板发出拔板请求，同时指示单板做业务终止准备，如果热插拔指示灯亮则可以拔板。

系统管理板（System management unit，WSMU）是机框的主控板，WSMU 板通过共享资源总线对本框所有可加载单板如 WIFM、WAFM、WBSG、WSGU、WCCU、WCSU、WCDB、WVDB 等进行软件加载、状态管理和操作维护。WSMU 通过主从串口总线对 WCKI、WEPI、WALU 单板进行状态收集，并且可以对 WALU 用于指示后插板状态的指示灯进行控制。WSMU 为前插板，固定配置在基本框、扩容框 6 和 8 槽位。与 WSMU 对插的后插板为 WSIU。

系统接口板（System Interface Unit，WSIU）为 WSMU 的后插接口板，为 WSMU 提供以太网接口，与 WSMU 一一对应配置。固定安装在各机框后插板的 6、8 槽位上。

热插拔控制单元（Hot-Swap and Control unit，WHSC）为后插板，固定安装在各机框的后插 7、9 槽位。它实现框内以太网总线的交换，实现对单板热插拔的控制，实现对单板上电的控制。

IP 转发模块（IP Forward Module，WIFM）主要完成 IP 包的收发并具有处理网卡硬件地址（Media Access Control，MAC）层消息、IP 消息分发的功能。

后插 FE 接口板（Back insert FE interface unit，WBFI）为 WIFM 的后插接口板，进行 FE 驱动处理，实现 WIFM 的对外物理接口功能，与 WIFM 一一对应配置。WBFI 为 1+1 备份工作方式。

E1 池接口板（E1_pool interface unit，WEPI）为 WCSU、WSGU、WEAM 板的后插板，它为前插板 WCSU、WSGU、WEAM 提供 E1 物理接口，与 WCSU、WSGU、WEAM 板一一对应配置，为其提供窄带信令物理接口，处理 MTP1 物理层消息，实现系统时钟的传递及提供框内时钟同步的功能。

宽带信令处理板（Broadband Signaling Gateway，WBSG）的主要功能是处理经过 WIFM/WAFM 一级分发处理后的 IP/ATM 包，完成信令传输协议（UDP、TCP、SIGTRAN、MTP3. SAAL、MTP3b）和 H.248 承载控制协议编解码等底层协议处理后，将消息二级分发到相应的业务处理板进行事务层/业务层处理。

呼叫控制板（Calling Control Unit，WCCU）/ 呼叫控制及信令处理板（Calling Control Unit and Signaling Process Unit，WCSU）主要完成 MTP3、MTP3b、M3UA、ISUP、BSSAP、MAP、CAP、RANAP、IUUP 等呼叫控制及协议的处理。当呼叫控制板 WCCU 扣上 CPC 板，则该板成为呼叫控制及信令处理板 WCSU。WCSU 与 WCCU 的区别是 WCSU 可以处理窄带信令 MTP2 消息，而 WCCU 不具有此功能。

中心数据库板（Central database board，WCDB）为基本框的前插板，作为中央数据库，提供 MGW 资源管理、出局中继选路、WVDB 分布代理管理（MSRN 放号、WVDB 维护命令转发）等功能。

VLR 数据库板（VLR database board，WVDB）为前插板，VLR 功能，用于保存移动用户的签约数据。在大容量的情况下，需要多对 WVDB 来实现对签约数据的存储。同一个用户的签约数据在同一对 WVDB 中存储，不同 WVDB 用户数据的分布准则在 WCDB 中定义（也称为 WVDB 分布代理功能）。

媒体网关控制板（Media gateway control unit，WMGC）为基本框前插板，主要负责提供 MGW 注册、内部链路状态维护、MGW 状态/能力审计以及 MGW 的各种异常处理等功能。

告警板（Alarm Unit，WALU）为前插板，固定安装在各机框的 16 槽位，通过串口总线与主节点（WSMU）通讯，上报出错信息，同时通过单板指示灯显示故障。

UPWR：电源板，固定安装在各机框前、后插板的 17、19 槽位上，每个单板占 2 个槽位，负责为机框内的各单板提供电源。

步骤 4：绘制 MGW 设备机框图

请大家按照任务的要求绘制机房 MGW 设备机框图，记录单板名称及所在的槽位号。

机房的 MGW 设备是华为 UMG8900 通用媒体网关，基于 3GPP R4 协议，用来承载语音业务、多媒体业务和窄带数据业务，完成不同网络之间的业务流格式转换和承载处理功能。

UMG8900 作为 MGW 设备，与（G）MSC Server 之间采用 3GPP 标准定义的 H.248 控制协议，可以和支持该标准协议的第三方 MGC 设备进行互通。

UMG8900 采用 N68-22 机架，遵循 IEC-297 标准。N68-22 机架有 46 U 的内部可用空间（1 U＝44.45 mm＝1.75 inches），由配电框、半一体化的 MGW 插框、导风框、走线槽、假面板、机架、滑道和光纤卷绕盘等部件组成。单机柜最多可以放置三个机框。UMG8900 机架配置图如图 1.8.3 所示。

电源配电框	电源配电框	电源配电框
业务框 #2	业务框 #5	扩展控制框 #8
导风框	导风框	导风框
主控框 #1	业务框 #4	业务框 #7
导风框	导风框	导风框
中心交换框 #0	业务框 #3	业务框 #6
假面板	假面板	假面板
光纤卷绕盘	光纤卷绕盘	光纤卷绕盘

图 1.8.3　UMG8900 机架配置图

UMG8900 包括 SSM-256 和 SSM-32 两种机框；对于 SSM-256 机框，其中主控框中的

MOMU/MTNU 和业务框中的 MMPU/MTCLU 将自动备配置。对于 SSM-32,主控框中的 MOMB/MTNC 和业务框中的 MMPB/MTNC 将自动配置。

MOMB(Media gateway Operation Maintenance Unit B),操作维护单元 B,固定配置于主控框 6、7、8、9 号前插槽位;每块单板占用两个插槽;对应的后插板为 MTNC;完成级联情况下所有 MGW 框的管理功能。MOMB 还可以提供宽带业务数据平面的交换功能。

MASU(Media gateway ATM AAL2/AAL5 SAR Processing Unit),ATM AAL2/AAL5 SAR 处理单元,对应的后插板为 A4L,完成 ATM 业务处理功能。MSPF(Media gateway Front Signalling Processing unit),前插信令处理单元,完成信令的适配处理转发功能。

MTNC(Media gateway TDM switching Net Unit C),TDM 交换单元,用于 SSM-32 机框;固定配置于机框的 6、7、8、9 号后插槽位;每块单板占用两个插槽;对应的前插单板为 MOMB/MMPB。MTNC 提供 TDM/FE 级联接口,提供 MC/OMC/Clock 接口,完成最大 4×8 k 时隙级联功能、控制平面的 FE 交换功能、FE 平面及 TDM 业务平面的多框级联通道、框内设备管理功能、并且通过时钟扣板为系统提供三级时钟。

MA4L(Media gateway 4 Ports STM-1 ATM Optical Interface Board),4×155 M ATM 光接口板,用于 SSM-256 机框或 SSM-32 机框;配置于后插通用槽位;对应前插板为 ASU。提供 4 个 155 Mbit/s ATM 光接口。

ME32(Media gateway 32×E1 ports TDM interface board),32×E1 TDM 接口板,用于 SSM-256 机框或 SSM-32 机框;配置于后插通用槽位;无对插关系限制。提供 32 个 E1。

MCLK(Media gateway Clock Unit),时钟板,固定配置于机框的 0、1 号后插槽位上;提供业务时钟。提供的外部接口包括时钟输入/输出接口。

MVPD(Media gateway Voice Processing Unit D),语音处理单元 D,与语音扣板配合使用,完成语音业务流的码变换和回波抵消功能;提供放音资源,实现收号和放音业务。

步骤 5:绘制 HLR 设备机框图

请按照任务的要求绘制机房 HLR 设备机框图,记录单板名称及所在的槽位号。

HLR 是负责管理移动用户信息的数据库,一个 PLMN 可以包含一个或者多个 HLR,HLR 的多少取决于移动用户数量的多少、设备的容量以及网络的结构。HLR 数据库中主要包含一些业务参数、位置信息、用户信息。HLR 通常与 AUC 合设。AUC(鉴权中心)是保存移动用户用于鉴权和加密的数据的实体,使得用户 IMSI 号码得到鉴权;并在移动台和网络之间的无线通路进行加密以保证用户的安全性。鉴权中心把鉴权和加密必需的数据通过 HLR 传递给 VLR、MSC 和 GSN,然后对移动台进行鉴权。鉴权中心通过 H 接口仅和相连的 HLR 进行通信。

机房 HLR 设备是华为 HLR9820,其软件包含 SAU、HDU、SMU 三个部分,硬件分为 SAU 和 HDU 服务器。SMU 是纯软件功能包。

SAU(Signaling Access Unit),信令接入单元,负责 IP 网络或 No.7 信令网的接入。SAU 包含两部分:一个用于信令接入和转发的交换机;SAU-BAM,一台用于维护管理 SAU 和 HDU 的 PC 服务器,同时作为 SMU 的硬件,存放交换机运行所需要的数据及程序。SAU 采用通用 N68-22 机架。

HDU(HLR Database Unit),HLR 数据库单元,HDU 采用 SUN 公司出产的系列服务

器,操作系统使用 Solaris10,数据库使用 Oracle 9.2 版本。

SMU(Subscriber Management Unit),用户管理单元,SMU 集成在 SAU 的服务器(简称 SAU-BAM)软件中,数据库使用 SQL 2000,操作系统使用 Windows 2000 SERVER。

步骤 6:查看设备连线

WCDNA 核心网接口如表 1.8.1 所示。

表 1.8.1　WCDMA 核心网接口

功能接口	物理承载方式	接口功能
Iu-CS	ATM	WCDMA 用户侧信令的接入及语音通道承载的建立
Mc	IP	呼叫控制与媒体承载实体之间信令交互,对于不同呼叫模式和媒体处理的接续
C	TDM/IP	在呼叫管理中提供必需的路由信息。如:用户的 MSRN 和与智能业务相关的用户状态、用户位置等信息

查看机房内设备以上三个接口对应的单板及如何实现对接。

五、任务成果

1. MSC Server 机框图一幅。
2. MGW 机框图一幅。
3. HLR 机框图一幅。
4. 说明机房内 IU-CS、Mc、C 接口对应的单板、承载方式、物理接口及如何实现对接。

六、拓展提高

1. WCDMA R5 的核心网有什么变化?
2. WCDMA 分组域有哪些网元?

注:请保留图纸,后续配置任务将会使用。

任务 9　认识 EPC 设备

一、任务介绍

在 LTE 整体网络架构中,根据在全网中的位置不同可分为 LTE 和 SAE 两部分。LTE (Long Term Evolution)针对无线技术,而 SAE(System Architecture Evolution)面向新的系统架构的研究。目前 LTE/SAE 统称为 EPS(Evolved Packet System),即演进的分组系统。演进系统核心网将被称为 EPC(Evolved Packet Core)。

某学院实验楼五楼建有 EPC 机房,该机房的 LTE 电信级融合分组核心网分为:统一移动接入控制网元 ZXUN uMAC、融合分组网关网元 ZXUN xGW 和统一用户数据网元 ZX-UN USPP。

请初步踏上维护岗位的你,按照机房的操作规范要求,完成设备认识任务,记录槽位上对应的单板,绘制机房内 EPC 设备的机框图。

EPC 系统包含的设备如图 1.9.1 所示。

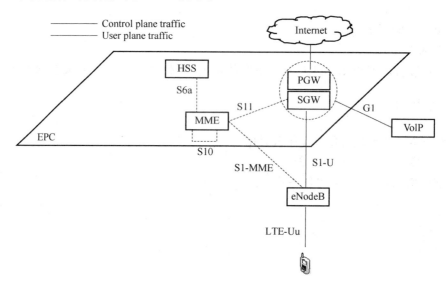

图 1.9.1　EPC 系统架构

二、任务用具

统一移动接入控制网元 ZXUN uMAC 一台,统一用户数据网元 ZXUN USPP 一台,融合分组网关网元 ZXUN xGW 一台,相关服务器机柜一套,相关电源设备一套。

三、任务用时

建议 4 课时。

四、任务实施

步骤1:绘制 MME 设备的机框图

请按照任务单的要求,绘制 MME 设备的机框图,记录单板名称及所在的槽位号。本次我们认识的 MME 设备是中兴公司的 ZXUN uMAC 设备。

ZXUN uMAC 系统是中兴通讯研制的分组核心网设备,既可以作为 GSM/UMTS 网络中的 SGSN,也可作为 LTE/EPC 网络中的控制面网元 MME,或者同时兼具 SGSN 和 MME 的功能,使运营商可以平滑地从传统 2G、3G 网络演进到 4G 网络。

ZXUN uMAC 系统采用 ETCA 平台,在完全兼容 ATCA 标准的基础上,增强了系统集成度和媒体面处理能力。该系统采用集中管理,分散处理的系统架构,有利于大容量移动网的控制和管理,同时又具有强大的处理能力和可扩展性。标准电信级机框设计,机框尺寸不小于 8 U,并提供不少于 10 个业务槽位。ZXUN uMAC 系统主要核心单板至少配置:业务处理单元提供分组及策略处理模块、IP 处理单元提供 ETCA IP 处理板、OMU 单元提供分组及策略处理模块及新支点电信级服务器操作系统,其他单板一般提供 ETCA 千兆控制面交换板和 ETCA 千兆用户面交换板。

作为 MME 时,ZXUN uMAC 系统最大同时附着用户数为 15 000 000;最大激活 PDP 链路数 30 000 000;最大 IP 交换容量 80 G;支持的最大 eNodeB 为 10 000;支持的最大 Serving GW 为 1 024;支持的最大 PDN GW 为 4 096;每个 UE 支持的最大承载数为 11;系统可用度>99.9997%;系统平均故障间隔时间 MTBF 为 148 000 小时;系统平均故障修复时间 MTTR<30 min,系统年平均中断时间<3 min。

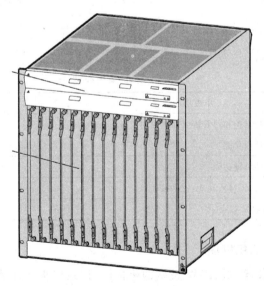

图 1.9.2 ZXUN uMAC 外观图

机房的 MME 机框采用基于 ETCA 硬件平台的 E8280 机框,其硬件可以分为以下部分。

1. 前插板:前插板共 14 个槽位,1~14 槽位都可插入 PPBB0 与 PPBX0 刀片服务器。

2. 后插板:后插板共 14 个槽位,其中 BSWA0 单板只能插在 19、20 槽位,FSWA1 单板只能插在 21、22 槽位,其他槽位都可以插入 MPIE0 与 MPIE1。

3. 电源盒:1 个 ETCA 机框可插装两个电源盒,插装位置位于 ETCA 机框的背板下方的电源盒槽位中。

4. 风扇插箱:风扇插箱分为前插风扇和后插风扇。1 个 ETCA 机框可插装两个前插风扇插箱,前插风扇由 6 个风扇模块组成,插于机框前面板的上方。1 个 ETCA 机框可插装一个后插风扇插箱,后插风扇是由 8 个风扇模块组成,插于机框后面板的上方。

机框前后满配如图 1.9.3 所示。

	1	2	3	4	5	6	7	8	9	10	11	12	13	14
前插槽位	P P B B 0 (USMP)	P P B B 0 (USMP)	P P B B 0 (USMP)	P P B B 0 (USMP)	P P B X 0 (UOMM)	P P B X 0 (UOMM)	P P B B 0 (USMP)	P P B B 0 (USMP)	P P B B 0 (UOMP)	P P B B 0 (UOMP)	P P B B 0 (USMP)	P P B B 0 (USMP)	P P B B 0 (USMP)	P P B B 0 (USMP)

ETCA														
	15	16	17	18	19	20	21	22	23	24	25	26	27	28
后插槽位	M P I E 0 (UIPB)	M P I E 0 (UIPB)			B S W A 0 (UBSW)	B S W A 0 (UBSW)	F S W A 1 (UFSW)	F S W A 1 (UFSW)						

图 1.9.3 前插板、后插板满配

MME 单板介绍如表 1.9.1 所示。

表 1.9.1 MME 单板介绍

单板名称	单板功能	槽位
PPBB0	主要完成系统控制维护和网管协议处理等功能	9/10 槽位
PPBX1	提供日常维护和管理功能	5/6 槽位
FSWA1	完成媒体面交换及时钟功能	21/22 槽位
BSWA0	完成控制面交换及 ECMM 功能,提供接口	19/20 槽位
MPIE0	完成 T1/E1 信号收发功能	15~18/23~28 槽位

步骤 2:绘制 XGW 设备的机框图

请按照任务单的要求,绘制 XGW 设备的机框图,记录单板名称及所在的槽位号。

中兴公司核心网网关产品 ZXUN xGW 可以部署为 PDSN、HA、GGSN、SAE-GW 及组合功能节点,支持 2G、3G、LTE 接入,主要提供 SGW(服务网管)及 PGW(分组数据网关)的相关功能,满足向 LTE/EPC 网络演进过程中各种不同应用场景的需要。

XGW 设备包含有 SGW 与 PGW 两个网元,采用 19 英寸标准 ZXUN xGW 机柜,内部最大净高容量为 42 U。XGW 机框采用 ZXUN XGW 机框,机框上集成了液晶显示器、电源模块、风扇模块、防尘网等。XGW 机框有两种规格,分别是 ZXUNXGW-8 机框和 ZX-UNXGW-16 机框,其中 ZXUNXGW-8 采用的是单层机框,共 13 个槽位;ZXUNXGW-16 采用的是双层机框,共 22 个槽位。机房采用的是 ZXUNXGW-16。

ZXUN xGW 融合分组网关作为 SGW 时的性能指标:支持最大 MME 为 4 096;支持最大 PGW 为 4 096;最大承载数为 24 000 000;最大吞吐量(无 CBC、DPI、IPSec、NAT):160 Gbit/s/20 MPPS(数据包的大小为 1 024 Bytes)。

ZXUN xGW 融合分组网关作为 PGW 时性能指标:会话数为 9 000 000;APN 为 4 096;地址池为 9 000 000;最大吞吐量为 160 Gbit/s/20MPPS(数据包的大小为 1 024 Bytes)

ZXUN xGW 主要核心单板至少配置中央主控板、核心交换板、负载均衡和计费处理板、12 端口 GE 接口板、转发线路模块。

ZXUN XGW 的单板介绍如表 1.9.2 所示。

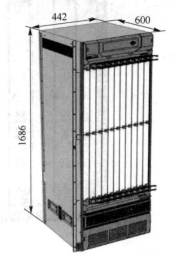

图 1.9.4　ZXUN xGW 融合分组网关

表 1.9.2　XGW 单板介绍表

单板名称	单板功能	槽位
PFU	提供接口并完成 L3 的处理,并支持 L2 与 IP 的处理	0～15 槽位
SFU	提供系统内部模块间的通信连接和接换	16～19 槽位
MPU	提供系统管理和路由引擎功能	21/22 槽位
CSU	由 LBU 和 CU 组成,LBU 实现多个 GSU 的负荷分担,CU 实现话单缓存功能	0～15 槽位

步骤 3:绘制 HSS 设备的机框图

请按照任务单的要求,绘制 HSS 设备的机框图,记录单板名称及所在的槽位号。

统一用户数据网元 ZXUN USPP 支持 12 种 FE 应用,包括 GSM/UMTS HLR、CDMA HLRe、PCS HLR、PSTN HLR、FNR、MNP、EIR、SLF、IMS HSS、EPC HSS、AAA 和 PCRF/SPR,有利于实现不同应用网元的融合业务,降低部署成本,加快业务部署速度,为运营商创造价值。

ZXUN USPP 机框尺寸 6 U,并提供不少于 10 个业务槽位。

ZXUN USPP 具体功能要求指标:前台最大的接入用户数:100 000 000;后台最大的接入用户数:200 000 000;支持的最大 SCTP 链路:2 048;支持的最大 GE:20 对;系统可用度:>99.999 91%;系统平均故障间隔时间 MTBF:134 年;系统平均故障修复时间 MTTR:<1 h;系统年平均中断时间:<5 min。

ZXUN USPP 主要核心单板至少配置:

1. ATCA 机框单元提供专用交换板及专用交换接口板;

2. ATCA FE&BE 单元提供数据处理模块及数据处理接口板;

3. OMU 单元提供数据处理模块、数据处理接口板及新支点电信级服务器操作系统;

4. 同时提供 ATCA 业务受理单元。

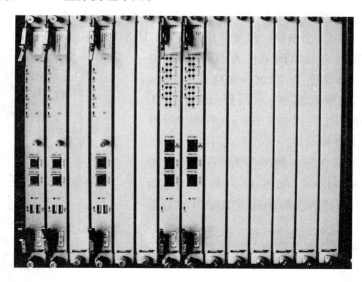

图 1.9.5　HSS 机框图

　　HSS 机框与 MME 机框结构组成一样，唯一的区别是 HSS 只有 14 个槽位，支持 12 块处理刀片和 2 块交换板，前插和后插要相互对应。HSS 的单板介绍如表 1.9.3 所示。

表 1.9.3　HSS 的单板介绍

单板名称	单板功能	对应后插	槽位
DPBX1	提供日常维护和管理功能	DIP1	1
DPBB1	完成信令及业务处理	DIP1	2/4
SWBB1	交换单板	SWBB1	7/8

五、任务成果

1. 统一移动接入控制网元 ZXUN uMAC 机框图一幅。
2. 统一用户数据网元 ZXUN USPP 机框图一幅。
3. 融合分组网关网元 ZXUN xGW 机框图一幅。

六、拓展提高

　　如果 SGW 与 PGW 分别选择不同厂家的产品时，还能否放置到同一机框中？

任务 10　认识 E-UTRAN 设备

一、任务介绍

E-UTRAN(Evolved Universal Terrestrial Radio Access Network)，即演进的通用陆基无线接入网。LTE 针对无线技术，LTE 基站和核心网都采用扁平化的架构组网。E-UTRAN 中只有一种网元，即 eNodeB。eNodeB 之间的接口为 X2 接口，eNodeB 与 EPC 间的接口为 S1 接口。EPC 分组域核心网同时满足 TD-LTE 和 LTE FDD 两种无线侧接入模式，实现 4G 业务功能。

随着无线数据业务的迅速增长和新空口技术的不断引入，传统的网络架构在对实时数据业务和大数据量业务的支持方面面临挑战，需要演进。无线接入网中，RNC 和 NodeB 功能合并为增强型 NodeB，即 eNodeB，E-Utran 系统包含的设备如图 1.10.1 所示。

某学院实验楼五楼建有 LTE 基站机房，该机房设备采用了 BBU＋RRU 分布式架构设计，BBU 和 RRU 采用光纤相连，大大降低了馈线损耗，提高了基站的覆盖半径，从而减少了网络覆盖所需的站点数。

作为初步踏上基站维护工作岗位的你，需要按照机房的操作规范要求，完成设备认识任务，记录槽位上对应的单板，绘制机房内 E-UTRAN 设备的机框图。

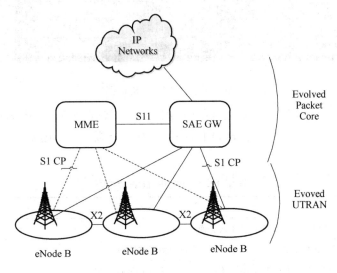

图 1.10.1　E-Utran 系统架构

二、任务用具

TD-LTE B8300 一台，TD-LTE RRU R8972 一台，FDD LTE B8200 一台，FDD LTE RRU R8882 一台，相关服务器机柜一套，相关直流电源设备一套。

三、任务用时

建议2课时。

四、任务实施

步骤1:绘制 B8300 设备的机框图

请按照任务单的要求,绘制 B8300 设备的机框图,记录单板名称及所在的槽位号。

LTE eNodeB 由室内单元和室外单元两部分构成:室内基带处理单元 BBU 和远端塔顶单元 RRU,基带共享资源池(即 BBU)集中放置,通过光纤与远端单元(即 RRU)相连,从而实现经济、灵活、快速建网。单 eNodeB 最大吞吐量为下行 400 Mbit/s,上行 300 Mbit/s,单 eNodeB 激活用户数不少于 5 000 个。

ZXSDR 8300 同时支持多种无线接入技术,包括 GSM、WCDMA、CDMA、WIMAX 和 LTE,只需要更换相应的单板就可以支持从 GSM/WCDMA/CDMA/WIMAX 到 LTE 的平滑过渡。

ZXSDR B8300 采用 19 英寸标准机框,高度为 3 U,产品外观如图 1.10.2 所示。

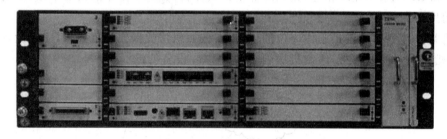

图 1.10.2 B8300 机框图

B8300 由以下功能模块组成:控制时钟板(CC)、基带处理板(BPL)、环境告警模块(SA)、电源模块(PM)、风扇模块(FA)和通用时钟接口板(UIC 选配)。各模块作用如表1.10.1 所示。

表 1.10.1 B8300 模块功能表

模块名称	模块功能
CC	提供系统时钟,信令流和媒体流交换平面
BPL	提供和 RRU 的光接口,实现用户面处理和物理层处理
SA	监控及控制风扇转速,提供 6 路输入干接点和 2 路双向干接点
PM	输入过压、欠压测量和保护功能,输出过流保护和负载电源管理功能,具有防雷、防接反、缓启等功能
FA	提供风扇控制的接口和自动调节风速的功能,提供检测进风口温度功能

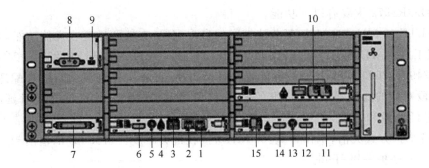

图 1.10.3　B8300 对外接口

外部接口说明如表 1.10.2 所示(11-18 接口属于选配单板,不予介绍)。

表 1.10.2　外部接口对应表

标识号	接口名称	单板名称	接口功能描述
1	DEBUG/CAS	CC	级联、调试或本地维护接口,GE/FE 自适应电口
2	ETH0	CC	S1/X2 接口,GE/FE 自适应电口
3	TX/RX	CC	S1/X2 接口,GE/FE 光口(ETH0 和 TX/RX 不可同时使用)
4	USB	CC	数据更新
5	REF	CC	与 GPS 天线相连的外部接口
6	EXT	CC	外置通信口,连接外置接收机,时钟级联。
7	SA 接口	SA	RS485/232 接口
8	−48VRIN	PM	−48 V 输出
9	MON	PM	调试用接口,RS232 串口
10	TX0	BPL	3 对光口,与 RRU 级联

步骤 2:绘制 R8972 设备连线图

请按照任务单的要求,绘制 R8972 设备的接口及连线图,记录名称。

RRU 是基站的中频、射频部分。它通过光纤与 BBU 相连,并与 BBU 一起构成完整的基站,最大拉远距离为 40 km,并且它还可以为 BBU 提供到其他 RRU 的级联,最大可支持 4 级级联。通过线缆或盲插连接天线,RRU 提供与 UE 的 Uu 口连接。另外它还提供 LMT 及用户设备环境监控。

R8972 有交直流合一型和直流型两种,以直流型为例,如图 1.10.4 所示。

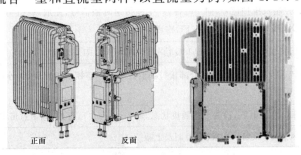

正面　　　　反面

图 1.10.4　R8972 设备图

ZXSDR R8972 主要有以下功能。

支持 LTE 10 MHz、20 MHz 等载波带宽的自由配置;支持两通道收发信功能,支持 2×2 MIMO;双工方式:TDD;支持频段:Band 39(1880～1920 MHz),Band 40(2300～2400 MHz),Band 41(2496～2690 MHz);滤波器外置并且可更换,可在工作频段内自由选配适合的、与运营商频段对应的滤波器;支持标准的 ORI 接口规范;支持到 BBU 的光纤时延测量和补偿,通过时延测量和补偿,能够保证所有的 RRU 保持同步,保证无线系统正常工作;支持 LMT,设备维护方式灵活;工作带宽:60 MHz;接收机灵敏度:—105 dBm;输出频率稳定度:± 0.05 ppm;防护等级 IP66。

R8972 支持版本管理、性能管理、故障管理、安全管理、电源管理、透明通道管理等功能。R8972 的外部接口和相关设备说明如表 1.10.3 所示。

表 1.10.3　外部接口说明表

外部接口设备	外部接口设备说明	外部接口说明
BBU	基带单元进行 GPS 同步,主控基带处理功能	逻辑接口:Ir 接口,物理接口:光纤接口
UE	实现无线 Uu 接口功能,话音和数据业务在 Uu 接口传输	逻辑接口:Uu 接口
用户设备	外部环境监控设备	物理接口:干接点
本地 LMT	对 RRU 进行本地操作维护	物理接口:以太网口
级联	下级 RRU	物理接口:光纤接口

步骤 3:绘制 B8200 设备的机框图

请按照任务单的要求,绘制 B8200 设备的机框图,记录单板名称及所在的槽位号。

B8200 内部主要由机框和单板/模块组成,产品外观如图 1.10.5 所示。

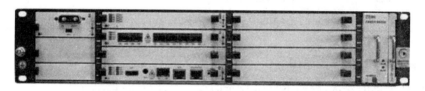

图 1.10.5　B8200 机框图

单板功能如表 1.10.4 所示。

表 1.10.4　单板功能表

单板名称	单板功能
CC	传送数据、控制及维护信号,同步时钟,产生和传递时钟信号,完成系统内业务流和控制流的数据交换,处理 S1/X2 接口协议,提供 GE/FE 物理接口
BPL	处理物理层协议,提供上行/下行 I/Q 信号,处理 MAC、RLC 和 PDCP 协议
SA	负责风扇转速控制及告警,提供外部接口和监控串口。监控单板温度,为外部接口提供干接点和防雷保护
PM3	提供两路 DC 输出电压,检测单板插拔状态,输入过压/欠压保护,输出过流保护和过载电源管理
FA	自动调节风速,对风扇状态检测、控制及上报

B8300 与其他网元接口如图 1.10.6 所示。

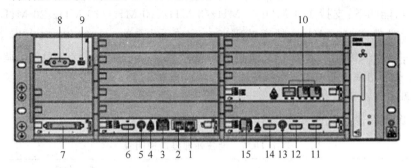

图 1.10.6　B8200 对外接口

外部接口说明如表 1.10.5 所示（接口 11～18 属于选配单板，不予介绍）。

表 1.10.5　外部接口说明表

标识号	接口名称	单板名称	接口功能描述
1	DEBUG/CAS	CC	级联、调试或本地维护接口，GE/FE 自适应电口
2	ETH0	CC	S1/X2 接口，GE/FE 自适应电口
3	TX/RX	CC	S1/X2 接口，GE/FE 光口（ETH0 和 TX/RX 不可同时使用）
4	USB	CC	数据更新
5	REF	CC	与 GPS 天线相连的外部接口
6	EXT	CC	外置通信口，连接外置接收机，时钟级联
7	SA 接口	SA	RS485/232 接口
8	-48VRIN	PM	−48 V 输出
9	MON	PM	调试用接口，RS232 串口
10	TX0	BPL	3 对光口，与 RRU 级联

步骤 4：绘制 R8882 设备的连线图

请按照任务单的要求，绘制 R8882 设备的接口及连线图，记录名称。R8882 设备外观如图 1.10.7 所示。

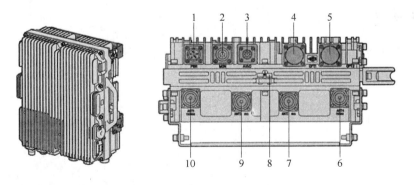

图 1.10.7　R8882 设备及外部接口图

R8882 支持上下行功率上报，功放过功率保护，支持发射通道的关闭/开启，支持强扫描、无源互调测试、温度查询等功能。

R8882 功能如下：支持 1.4 MHz/3 MHz/5 MHz/10 MHz/15 MHz/20 MHz 多种带宽配置；支持瞬时带宽：40 MHz；频率范围：700/800/900/1800/1900/2100/2600 MHz；支持两发四收，可以大大优化频谱效率及提高上行网络性能；支持上下行 64QAM 调制；支持每个载波下的发射功率上报功能；支持对 PA 的负载保护功能；支持发射通道开/关功能；支持节能（动态调压和符号关断）。

R8882 设备外接口说明如表 1.10.6 所示。

表 1.10.6　设备外部接口说明表

编号	接口	接口类型/连接器
1	电源接口	6 芯塑壳圆形电缆连接器
2	外部监控接口	8 芯面板安装直视电缆焊接圆形插座
3	AISG 设备接口	8 芯圆形连接器
4	连接 eBBU 的接口	LC 型光接口
5	eRRU 级联接口	LC 型光接口
6	发射/接收天馈接口	DIN 连接器
7	分集接收天馈接口	DIN 连接器
8	接地螺钉	
9	分集接收天馈接口	DIN 连接器
10	发射/接收天馈接口	DIN 连接器

五、任务成果

1. TD-LTE B8300 机框图一幅。

2. FDD LTE B8200 机框图一幅。

3. TD-LTE RRU R8972 接口及连线图一幅。

4. FDD LTE RRU R8882 接口及连线图一幅。

注：请保留图纸，后续配置任务将会使用。

六、拓展提高

GPS 的安装方位有何要求？

学习情境 2　配置移动通信系统设备

任务 11　配置 GSM BSC 设备

一、任务介绍

基站控制器(BSC)属于 GSM 系统中基站子系统(BSS)的控制中心,与移动交换中心(MSC)之间通过 A 接口相连。一个基站控制器通常控制几个基站收发信台(BTS),其主要功能是进行无线信道管理、实施呼叫和通信链路的建立和拆除,并对本控制区内移动台的越区切换进行控制等。BSC 在 GSM 系统中的位置如图 2.11.1 所示。

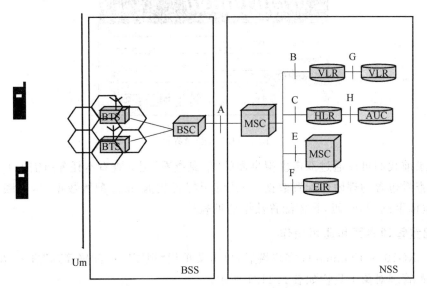

BSC:基站控制器　BTS:基站收/发信台　BSS:基站子系统　AUC:鉴权中心
EIR:设备识别寄存器　HLR:归属位置寄存器　VLR:拜访位置寄存器

图 2.11.1　BSC 位置

在本教材学习情境 1 中详细介绍的 ZXG10 iBSC 是中兴通讯第三代基站控制器产品,本任务要求使用 ZXG-BSS 实验仿真教学软件系统,按照基站开局的要求,完成对某个 ZXG10 iBSC 的配置。

二、任务用具

ZXG-BSS 实验仿真教学软件系统、电脑。

三、任务用时

建议 4 课时。

四、任务实施

（一）管理与资源配置

步骤 1：启动网管客户端

进入 ZXG-BSS 实验仿真教学软件系统的虚拟后台，双击"网管软件服务器"图标，待服务器正常运行后，双击"网管软件客户端"图标，稍等后会出现 UMS Client 界面。

待弹出登录界面，如图 2.11.2 所示。用户可以输入用户名、密码和服务器地址，本任务采用系统默认用户名"admin"，输入完毕后无须密码，单击"确定"即可登录网管系统。

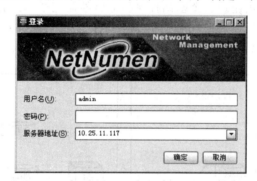

图 2.11.2　登录界面

在登录前我们可以通过双击虚拟桌面的"信息查看"图标查看本任务所需的基础数据配置。信息查看包含物理硬件配置数据、公共资源配置数据、msc 配置数据、信令跟踪登录配置数据、虚拟手机 IMSI 码，具体配置数据请见软件。

步骤 2：配置管理界面和通用操作

登录 ZXG10 NetNumen-G 客户端后，单击菜单栏"视图"→"配置管理"进入"配置管理"界面。配置管理对象工具栏如表 2.11.1 所示。

表 2.11.1　配置管理对象工具栏

工具栏按钮						
说明	修改	取消	保存	关闭	关闭所有页	帮助

数据配置基本操作如下。

1. 配置查询：指管理对象数据配置完成后，用户查看管理对象的配置数据。

2. 配置增加(创建):为系统添加管理对象,并为该对象设置属性值。

3. 配置删除:删除系统中已存在的管理对象及其配置数据。

4. 配置修改:修改在系统中已存在的管理对象的配置数据信息。

5. 配置同步:数据配置完成后,数据仅在 NetNumen-G 服务器端生效,只有执行同步操作才能使数据在 BSC 和基站侧生效。

注意:各配置管理对象的配置界面操作方法基本相同。物理设备配置、局向配置之前首先需要配置 GERAN 子网、BSC 管理对象等。

步骤 3:配置 GERAN 子网

1. 在配置资源树上,选择 OMC 节点,右击"创建"→"GERAN 子网"。

表 2.11.2　GERAN 子网参数

		用户标识	子网标识	子网类型
GERAN 子网 参数表	值域	最大长度 40 的字符串	1~4 095	GERAN 子网
	缺省值	无	无	GERAN 子网
	参数描述	方便用户识别的具体子网对象名称,本仿真实验中用户标识不能相同	由用户定义子网的唯一标识,同一网管下不可以重复,创建后不可修改	标识子网类型为 GERAN 子网,创建成功后不可修改

2. 在弹出的"创建 GERAN 子网"界面中,输入"用户标识"和"子网标识",单击"确定"完成创建。GERAN 子网参数如表 2.11.2 所示,本任务中用户标识可以自定,子网标识请设为"1"。

表 2.11.3　BSC 管理网元参数

	用户标识	管理网元标识	管理网元类型	操作维护单板 IP 地址	刀片服务器 IP 地址
值域	最大 40 的字符串	1~4 095	BSC 管理网元	xxx.xxx.xxx.xxx (xxx 为 0~255)	xxx.xxx.xxx.xxx (xxx 为 0~255)
缺省值	无	1	BSC 管理网元	129.0.31.1	129.0.31.1
参数描述	标识 BSC 管理网元的用户。用户标识不能相同	同一网管下不可以重复,创建后不可修改	标识管理网元类型,创建后不可修改	该 IP 地址是指操作维护单板的网口地址,要求唯一,它的取值跟地面资源管理配置中的局号值相关。配置要与 iBSC 上的 OMP 的 IP 地址一致	刀片服务器是保存 OMP 需要存放的一些文件,并对这些文件按照网管所要求的格式组织。刀片服务器 IP 和 OMP 单板 IP 不能冲突

提供商:最大长度 40 的字符串,标识 BSC 设备的提供商。本实验可以填"中兴"。

位置、经度、纬度:标识 BSC 的位置。本实验可以填写实际地理位置名称,经度、纬度可以按照实际情况来填写。

步骤 4：配置 BSC 管理网元

1. 在配置资源树上，选择已创建的 GERAN 子网节点，右击"创建"→"BSC 管理网元"。

2. 在弹出的"创建 BSC 管理网元"界面中，正确输入参数，单击"确定"完成创建。BSC 管理网元参数如表 2.11.3 所示，通过信息查看可知，本任务中操作维护单板服务器 IP 地址和刀片服务器 IP 地址配置为 10.25.11.100 和 10.25.11.88。

注意：本虚拟后台操作维护单板 IP 地址如果与虚拟机房 OMP 单板硬件 IP 地址不一致，则前后台无法正常建链。

步骤 5：配置 BSC 全局资源

1. 在配置资源树上，选择主用配置集节点，右击"创建"→"BSC 全局资源"。

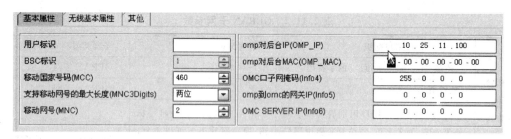

图 2.11.3　基本属性参数界面

2. 可以在弹出的"创建 BSC 全局资源"界面中，单击"播放"图标，展开所有子页面，基本属性参数界面如图 2.11.3 所示，基本属性参数如表 2.11.4 所示，正确输入参数，其中 OMP-IP 通过信息查看可知为 10.25.11.100，单击"确定"完成创建。

表 2.11.4　基本属性参数

	用户标识	移动国家号码（MCC）	支持移动网号的最大长度（MNC3Digits）	移动网号（MNC）	omp 对后台 IP（OMP_IP）
值域	最大长度 40 的字符串	0～999	两位、三位	0～99（两位）、0～999（三位）	xxx. xxx. xxx. xxxx（xxx 为 0～255）
缺省值	无	460	两位	0	129.0.31.1
参数描述	方便用户识别的具体对象名称	移动国家码（MCC）用于唯一标识移动用户（或系统）归属的国家，国际统一分配，中国为 460，创建后不可修改	选择支持两位或者三位移动网号，创建后不可修改	移动网络码（MNC）用于唯一地标识某一国家（由 MCC 确定）内的某一个特定的 PLMN 网，如"07"是中国移动的 PLMN 网，创建后不可修改	OMP 单板用于与网管建链的 IP 地址

（二）BSC 设备配置

步骤 6：配置 BSC 机架

1. 配置资源树窗口，右击选择"OMC"→"GERAN 子网用户标识"→"BSC 管理网元用户标识"→"配置集标识"→"BSC 全局资源标识"→"BSC 设备配置"→"创建"→"BSC 机架"，如图 2.11.4 所示。

2. 单击"BSC 机架"，弹出对话框，如图 2.11.5 所示。

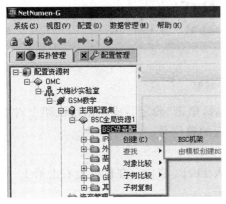

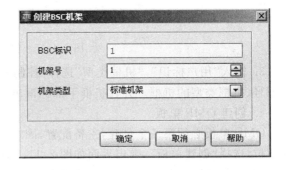

图 2.11.4　创建 BSC 机架　　　　图 2.11.5　创建 BSC 机架对话框

注意：机架号缺省值为 1，通过拨码开关拨码来设置，目前最多支持配置 3 个机架。机架类型目前只有标准机架。

3. 单击"确定"按钮，成功创建对应配置的机架。

步骤 7：配置控制框及单板

ZXG10 iBSC 系统中包括三种机框：控制框、资源框和分组交换框。控制框完成系统的全局操作维护功能、全局时钟功能、控制面处理以及控制面以太网交换功能。资源框完成系统的接入，构成各种通用业务处理子系统。分组交换框为系统提供大容量无阻塞的 IP 交换平台。

本虚拟实验室按单框成局，各机框在 ZXG10 iBSC 中的位置示例如图 2.11.6 所示，1 号和 3 号为资源框，2 号为控制框，4 号为交换框。

控制框是 ZXG10 iBSC 的控制核心，完成对整个系统的管理和控制，同时提供 iBSC 系统的控制面信令处理，并负责系统的时钟供给和时钟同步功能。

1. 配置资源树窗口，双击"OMC"→"GERAN 子网用户标识"→"BSC 管理网元用户标识"→"配置集标识"→"BSC 全局资源标识"→"BSC 设备配置"→"标准机架名称"。右击机框图：1 号机架 2 号框，选择"创建机框"，如图 2.11.7 所示。

2. 单击"创建机框"，弹出对话框。

图 2.11.6　各机框位置

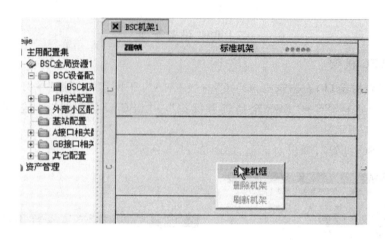

图 2.11.7　创建控制框

3. 输入"用户标识","机框类型"选择"控制框"后,单击"确定",成功创建机架上对应机框编号、机框类型的机框。并在机框下部标识出相应的槽位号。

4. 创建 OMP 单板

OMP 单板必须第一个创建,主备配置,固定插入 11、12 槽位。在机框上右击第 11 号单板槽位,选择"创建单板",弹出界面如图 2.11.8 所示。

"基本信息"子页面中,在"功能类型"下拉框中选择"OMP",本任务根据实际配置要求在"备份方式"下拉框中选择"1+1 备份"。

点选"模块配置信息"标签,在子页面中,根据实际配置要求在"模块类型"下拉框中,模块号 1 选择"OMP"、模块号 2 选择"OMP_SMP_CMP"。单击"确定"完成 OMP 单板配置。三种模块类型中,OMP 为操作维护主处理板,OMP_SMP_CMP 为操作维护主处理板/业务主处理板/呼叫主处理板,RPU 为路由协议主处理板。

5. 创建 UIMC 单板

UIMC 单板 2 块,主备配置,固定插在 9、10 槽位,必须配置。在机框上右击第 9 号单板槽位,选择"创建单板",弹出界面如图 2.11.9 所示。在"功能类型"下拉框中选择"UIMC",本任务根据实际配置要求在"备份方式"下拉框中选择"1+1 备份",在"是否进行时钟检测"下拉框中选择"是",单击"确定"完成 UIMC 单板配置。

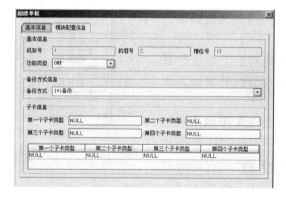

图 2.11.8　创建 OMP 单板

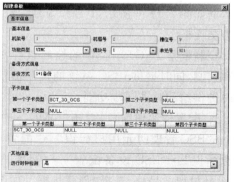

图 2.11.9　创建 UIMC 单板

6. 创建 CLKG 单板

CLKG 单板 2 块，主备配置，固定插在 13、14 槽位，必须配置。在机框上右击第 13 号单板槽位，选择"创建单板"，弹出界面如图 2.11.10 所示，在"功能类型"下拉框中选择"CLKG"，本任务根据实际配置要求在"备份方式"下拉框中选择"1＋1 备份，单击"确定"完成 CLKG 单板配置。

7. 创建 CHUB 单板

CHUB 单板 2 块，主备配置，固定插在 15、16 槽位，必须配置。在机框上右击第 15 号单板槽位，选择"创建单板"，弹出界面如图 2.11.11 所示，在"功能类型"下拉框中选择"CHUB"，本任务根据实际配置要求在"备份方式"下拉框中选择"1＋1 备份"，单击"确定"完成 CHUB 单板配置。

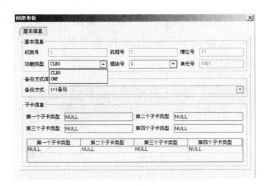

图 2.11.10　创建 CLKG 单板

图 2.11.11　创建 CHUB 单板

8. 创建 CMP 单板

CMP 单板 2～6 块，可以插在 3～8 槽位，数目根据配置容量可选。在机框上右击相应的单板槽位，选择"创建单板"，弹出界面如图 2.11.12 所示。

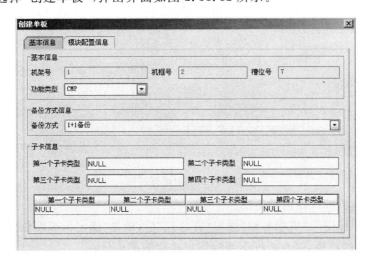

图 2.11.12　创建 CMP 单板

"基本信息"子页面中，在"功能类型"下拉框中选择"CMP"，本任务根据实际配置要求在"备份方式"下拉框中选择"1＋1 备份"。

"模块配置信息"子页面中,可以根据需要修改模块号,单击"确定"完成 CMP 单板配置。

说明:如果用户需要创建多块 CMP 单板,可重复步骤 9,注意每次必须在[模块配置信息]子页面中将"模块号"都修改为不相同方能配置成功,模块号范围为 3~8。

步骤 8:增加资源框及单板配置

资源框作为通用业务框,可混插各种业务处理单板,构成各种通用业务处理子系统。资源框可配置 Abis 接口单元、A 接口单元、PCU 单元、TC 单元。两个资源框构成一个资源单板配置基本单元 RCBU(Resources board Configuration Basal Unit),系统扩容时增加 RC-BU 单元即可。

1. 配置资源树窗口,双击"OMC"→"GERAN 子网用户标识"→"BSC 管理网元用户标识"→"配置集标识"→"BSC 全局资源标识"→"BSC 设备配置"→"标准机架名称"。右击机框图需要配置的机框位置,选择"创建机框",如图 2.11.13 所示。

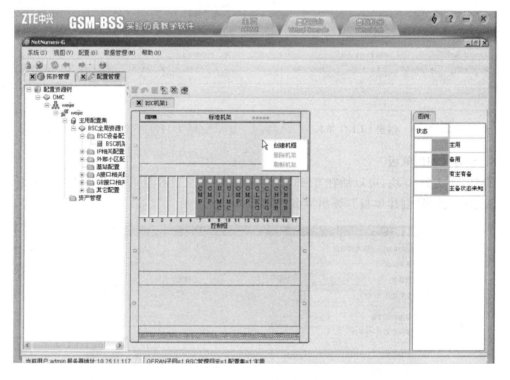

图 2.11.13　创建资源框

2. 单击"创建机框",弹出对话框。

3. 输入"用户标识","机框类型"选择"资源框"后,单击"确定",成功创建机架上对应机框编号、机框类型的机框,并在机框下部标识出相应的槽位号。

4. 创建 UIMU 单板

UIMU 单板 2 块,固定插在 9、10 槽位,必须配置。在机框上右击单板槽位,选择"创建单板",弹出界面如图 2.11.14 所示。

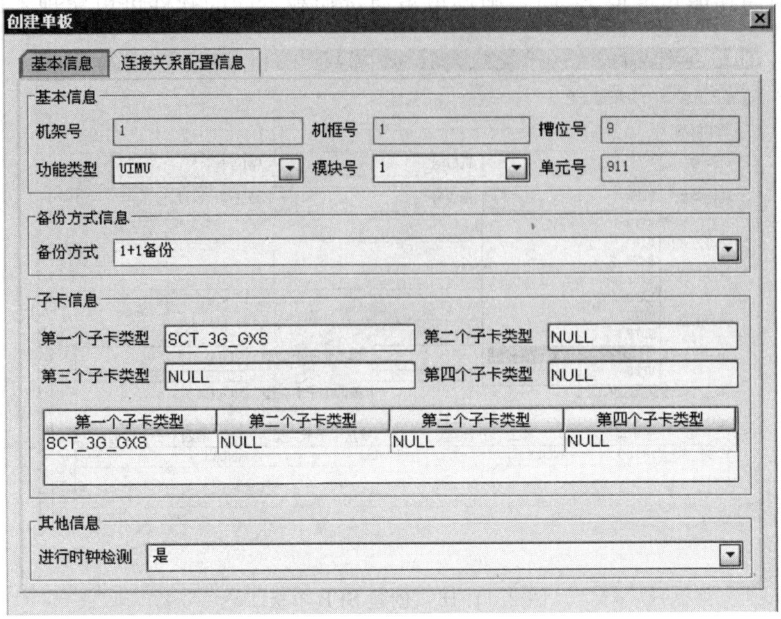

图 2.11.14 创建 UIMU 单板 1

"基本信息"子页面中,在"功能类型"下拉框中选择"UIMU",本任务根据实际配置要求在"备份方式"下拉框中选择"1+1 备份",在"是否进行时钟检测"下拉框中选择"是"。

在"连接关系配置信息"子页面中,本任务根据实际配置要求在连接单元中选择"无连接",在"连接类型"中选择"UIM 与 UIM 相连",如图 2.1.15 所示,单击"确定"完成 UIMU 单板配置。

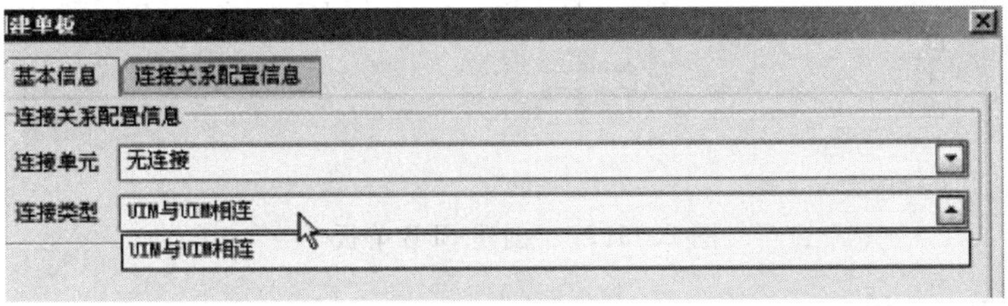

图 2.11.15 创建 UIMU 单板 2

5. 创建 SPB 单板(包括 SPB、GIPB 和 LAPD)

SPB 单板可以插在除 9、10 的任何槽位。在机框上右击单板槽位,选择"创建单板",弹出界面如图 2.11.16 所示。[基本信息]子页面中,根据所需功能在"功能类型"下拉框中选择"SPB"、"GIPB"或"LAPD",本任务选用 SPB。

"PCM 线配置信息"子页面中,根据需要选择"PCM 类型"、"帧格式"和"PCM 号",单击"》"完成添加,本任务采用 A 口 PCM、双帧格式、9 号 PCM(与信息查看结果对应)。

如图 2.11.17 所示,单击"确定"完成 SPB 单板配置。

说明:单板有两个名称,分别是单板硬件名和单板功能名,比如单板硬件名为 SPB 的单板包括 SPB、GIPB、LAPD 三个单板功能名。单板硬件名即单板标识,单板功能名从单板加载软件后实现的功能角度取名,同一硬件单板通过加载不同的软件可以实现不同的功能。

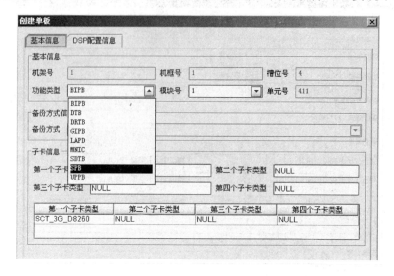

图 2.11.16　创建 SPB 单板 1

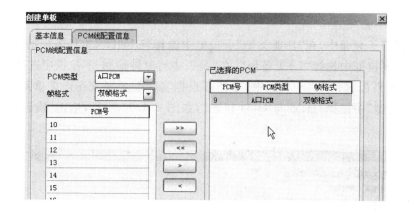

图 2.11.17　创建 SPB 单板 2

6. 创建 LAPD 单板

LAPD 单板可配置在除 9、10 的任何槽位。本任务配置在 13 槽位,在机框上右击单板槽位,选择"创建单板",弹出界面如图 2.11.18 所示。

"基本信息"子页面中,在"功能类型"下拉框中选择"LAPD"。

"PCM 线配置信息"子页面中,可以根据需要选择"PCM 类型"、"帧格式"和"PCM 号",如图 2.1.19 所示,本任务 PCM 类型为"Abis 口",PCM 帧格式选"双帧格式",PCM 号为"9",单击"确定"完成 DTB 单板配置。

7. 创建 GUP 单板(包括 DRTB 和 BIPB)

GUP 用作 BIPB 时,优先插在 5～8、11～14 槽位;若插在 1～4、15～16 槽位,GUP 主备板相邻槽位可以配置不使用内部媒体面网口的单板,如 DTB、SDTB;GUP 用作 DRTB 时,可以插在除 9、10 的任何槽位。

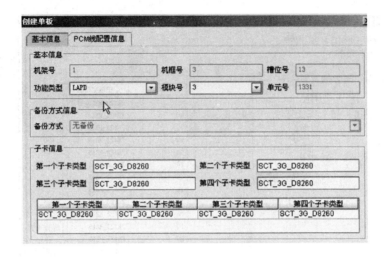

图 2.11.18　创建 LAPD 单板 1

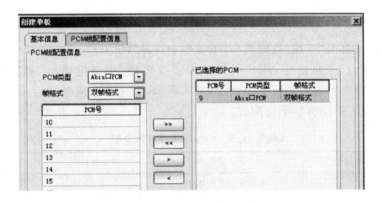

图 2.11.19　创建 LAPD 单板 2

（1）创建 DRTB 单板

在机框上右击单板槽位，选择"创建单板"，弹出界面如图 2.11.20 所示。

图 2.11.20　创建 DRTB 单板 1

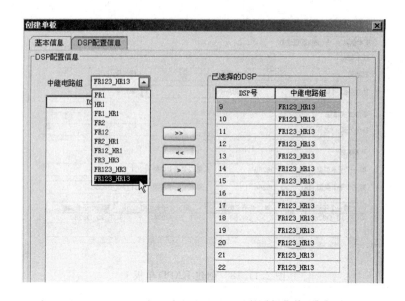

图 2.11.21　创建 DRTB 单板 2

"基本信息"子页面中,在"功能类型"下拉框中选择"DRTB"。

"DSP 配置信息"子页面中,用户可以根据需要选择"中继电路组"和"DSP 号",如图 2.11.21所示,中继电路组参数说明如表 2.11.5 所示,本任务可选择最后一种方式,DSP 号为 9,单击"确定"完成 DRTB 单板配置。

表 2.11.5　中继电路组参数说明

中继电路组	中文解释
FR1	全速率语音版本 1
HR1	半速率语音版本 1
FR1_HR1	全速率语音版本 1,半速率语音版本 1
FR2	全速率语音版本 2
FR12	全速率语音版本 1,2
FR2_HR1	全速率语音版本 2,半速率语音版本 1
FR12_HR1	全速率语音版本 1,2,半速率语音版本 1
FR3_HR3	全速率语音版本 3,半速率语音版本 3
FR123_HR3	全速率语音版本 1,2,3,半速率语音版本 3
FR123_HR13	全速率语音版本 1,2,3,半速率语音版本 1,3

（2）创建 BIPB 单板

在机框上右击单板槽位,选择"创建单板",弹出界面如图 2.11.22 所示。

"基本信息"子页面中,在"功能类型"下拉框中选择"BIPB"。

"DSP 配置信息"子页面中,可以根据需要选择"DSP 号",本任务中选 9 号,如图 2.11.23所示,单击"确定"完成 BIPB 单板配置。

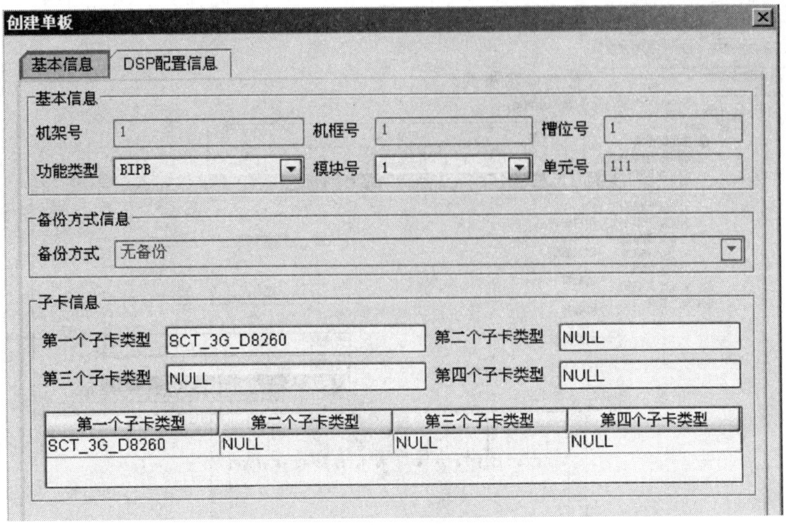

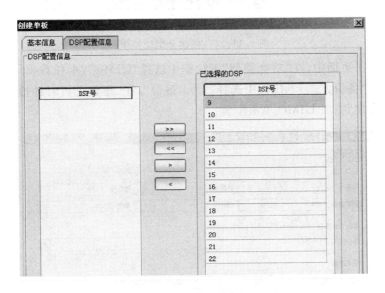

图 2.11.22 创建 BIPB 单板 1

图 2.11.23 创建 BIPB 单板 2

步骤 9：配置分组交换框及单板

1. 配置资源树窗口，双击"OMC"→"GERAN 子网用户标识"→"BSC 管理网元用户标识"→"配置集标识"→"BSC 全局资源标识"→"BSC 设备配置"→"标准机架名称"。右击机框图 1 号机架 4 号框，选择"创建机框"，如图 2.11.24 所示。

输入"用户标识"，"机框类型"选择"交换框"后，单击"确定"，成功创建机架上对应机框编号、机框类型的机框，并在机框下部标识出相应的槽位号。

2. 创建 UIMC 单板

UIMC 单板 2 块，完成分组交换框控制面交换功能，固定插在 15、16 槽位，必须配置。在机框上右击单板槽位，选择"创建单板"，弹出界面如图 2.11.25 所示。

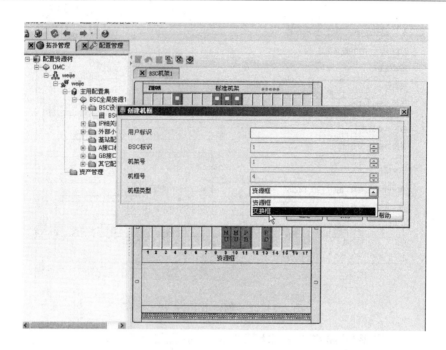

图 2.11.24　创建分组交换框

"基本信息"子页面中,在"功能类型"下拉框中选择"UIMC",本任务模块号为"1",根据实际配置要求在"备份方式"下拉框中选择"1＋1 备份",在"是否进行时钟检测"下拉框中选择"是",单击"确定"完成 UIMC 单板配置。

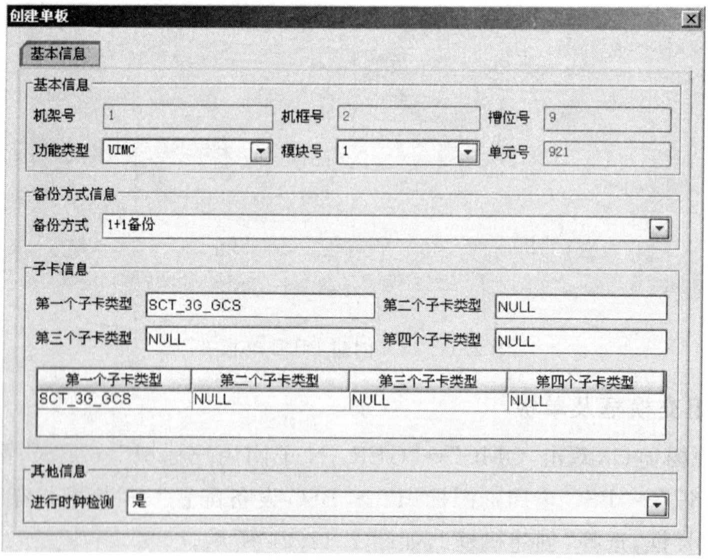

图 2.11.25　创建 UIMC 单板

3. 创建 PSN 单板

PSN 单板 2 块,完成线卡间数据交换功能,固定插在 7、8 槽位,必须配置。在机框上右击单板槽位,选择"创建单板",弹出界面如图 2.11.26 所示。

"基本信息"子页面中,在"功能类型"下拉框中选择"PSN",单击"确定"完成 PSN 单板配置。

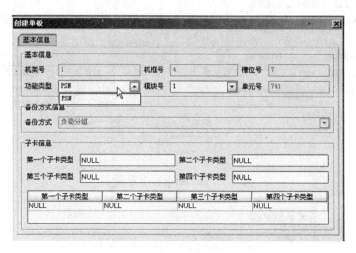

图 2.11.26　创建 PSN 单板

4. 创建 GLI 单板

GLI 单板 2~8 块,完成 GE 线卡功能,可以插在 1~6 或 9~14 槽位,数目根据配置容量可选,必须成对出现。配置时按从左往右增加的原则进行。在机框上右击单板槽位,选择"创建单板",弹出界面如图 2.11.27 所示。

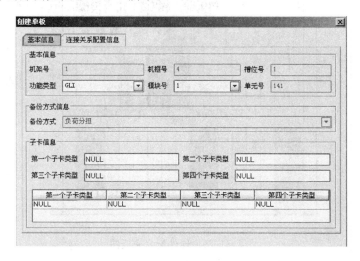

图 2.11.27　创建 GLI 单板 1

"基本信息"子页面中,在"功能类型"下拉框中选择"GLI"。

"连接关系配置信息"子页面中,本任务根据实际配置要求配置连接类型为"GLI 与UIM 相连",端口号"0"对应选连接单元"911",端口号"1"对应选连接单元"931",如图2.11.28 所示,单击"确定"完成 GLI 单板配置。

硬件设备创建完成示例如图 2.11.29 所示。

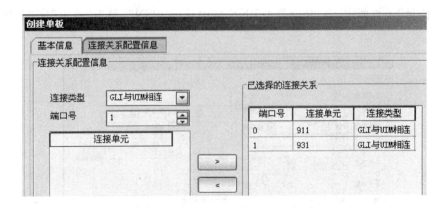

图 2.11.28　创建 GLI 单板 2

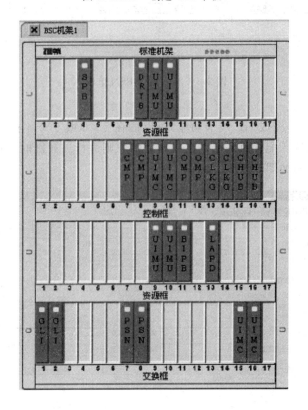

图 2.11.29　硬件配置完成图

（三）A 口配置

步骤 10：配置信令子系统状态关系

1. 配置资源树窗口，右击选择"OMC"→"GERAN 子网用户标识"→"BSC 管理网元用户标识"→"配置集标识"→"BSC 全局资源标识"→"A 接口相关配置"→"创建"→"信令子系统状态关系"，如图 2.11.30 所示。也可以在"A 接口相关配置"节点下的"信令子系统状态关系配置"子节点右击选择"创建"→"信令子系统状态关系"。

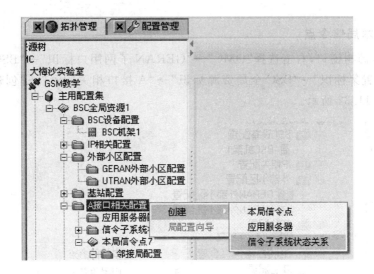

图 2.11.30 创建信令子系统状态关系 1

2. 单击"信令子系统状态关系",弹出创建界面如图 2.11.31 所示。输入合适的参数后,单击"确定"完成创建。相关参数如表 2.11.6 所示,按参数要求,实际配置时必须要创建出子系统号为 0、1、254 的这三种状态关系。

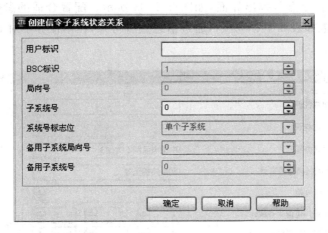

图 2.11.31 创建信令子系统状态关系 2

表 2.11.6 信令子系统状态关系参数

	用户标识	子系统号	系统号标志位	备用子系统局向号	备用子系统号
值域	最大长度 40 的字符串	0~255	单个子系统、复份子系统	0	0~255
缺省值	无	0	单个子系统	0	0
参数描述	方便用户识别的名称	标识的子系统编号,实际配置时必须要创建出 0、1.254 这三种	标识为单个子系统或复份子系统	当系统号标志位参数为"复份子系统"时,该参数有效	当系统号标志位参数为"复份子系统"时,该参数有效

步骤11：配置本局信令点

1. 配置资源树窗口，右击选择"OMC"→"GERAN 子网用户标识"→"BSC 管理网元用户标识"→"配置集标识"→"BSC 全局资源标识"→"A 接口相关配置"→"创建"→"本局信令点"，如图 2.11.32 所示。

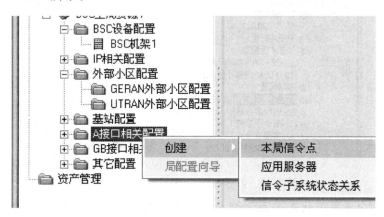

图 2.11.32　创建本局信令点 1

2. 单击"本局信令点"，弹出界面，如图 2.1.33 所示。配置合适的参数后，单击"确定"完成配置，相关参数如表 2.11.7 所示，通过信息查看可知，在本任务中对 BSC 来说，本局 14 位信令点编码为 1.3.5。

图 2.11.33　创建本局信令点 2

注意：本虚拟后台，本局 14 位信令点如果与 CN 侧邻接局 14 位信令点设置不一致，则手机开机后网络正常，拨号时显示连接错误。

表 2.11.7　本局信令点主节点参数

	用户标识	网络类别	网络外貌是否有效	本局 14 位信令点编码	本局 24 位信令点编码
值域	最大长度 40 的字符串	CTCN、CMCN、CUCN、 RLTN、CNC、NFTN 等	网络外貌无效、网络外貌有效	主信令区 0～7 子信令区 0～255 信令点 0～7	主信令区 0～255 子信令区 0～255 信令点 0～255
缺省值	无	中国电信网（CTCN）	网络外貌无效	0、0、0	0、0、0
参数描述	方便用户识别的名称	根据实际情况选择本局网络类别	该参数表示网络外貌是否有效	中国的 GSM 网，在 MSC 和 BSC 之间使用 14 位信令点编码 1. 主信令区：14 位信令点的高 3 位 2. 子信令区：14 位信令点的中间 8 位 3. 信令点：14 位信令点的低 3 位 需要和其他设备协商的参数	对于中国的 GSM 网，在 MSC 和其他实体间用 24 位信令点编码 1. 主信令区：24 位信令点的高 8 位 2. 子信令区：24 位信令点的中间 8 位 3. 信令点：24 位信令点的低 8 位 需要和其他设备协商的参数

步骤 12：配置邻接局

1. 配置资源树窗口,右击选择"OMC"→"GERAN 子网用户标识"→"BSC 管理网元用户标识"→"配置集标识"→"BSC 全局资源标识"→"A 接口相关配置"→"本局信令点标识"→"创建"→"邻接局",如图 2.11.34 所示。也可以在"本局信令点标识"节点下的"邻接局配置"子节点右击选择"创建→邻接局"。

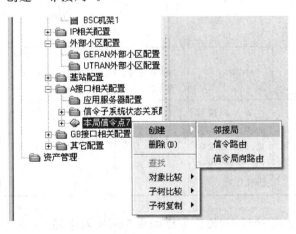

图 2.11.34　创建邻接局 1

2. 单击"邻接局",弹出创建界面如图 2.11.35 所示。输入合适的参数后,单击"确定"

完成创建。相关参数如表 2.11.8 所示(除表中特别说明的参数外,其余参数默认即可),通过信息查看可知,在本任务中对 BSC 来说,其邻局 14 位信令点编码为 1.4.7。

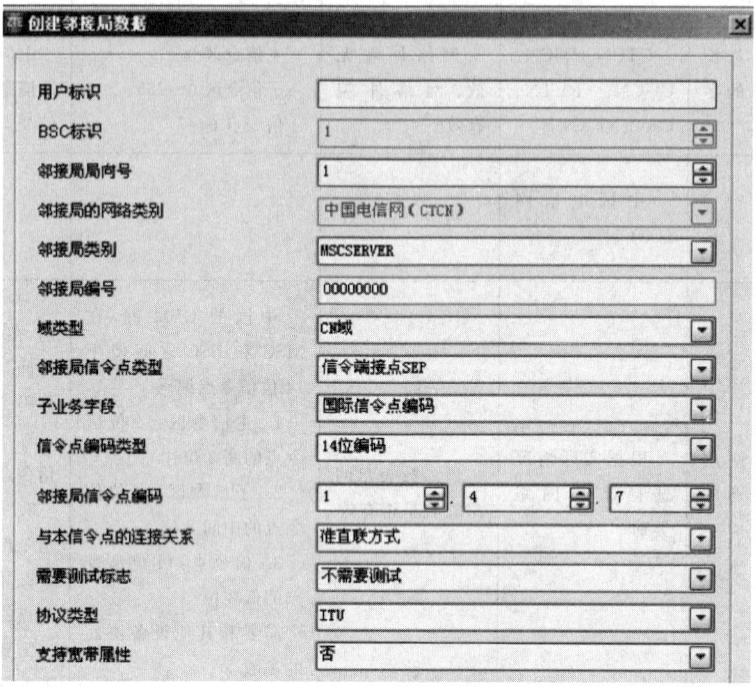

图 2.11.35　创建邻接局 2

表 2.11.8　邻接局主节点参数

	用户标识	邻接局局向号	邻接局类别	邻接局编号	邻接局信令点类型	邻接局信令点编码
值域	最大长度 40 的字符串	1~64	MGW、MSC-SERVER、SMLC	8 位十进制数	信令端接点 SEP、信令转接点 STP、信令端转接点 STEP	1.14 位编码值域为 0~7,0~255,0~7 2.24 位编码值域为 0~255,0~255,0~255
缺省值	无	1	MGW	00000000	信令端接点 SEP	0,0,0
参数描述	方便用户识别的名称	标识的邻接局局向号	表示邻接局的类别,MGW 局、MSCSERVER 局或 iBSC SMLC 局	标识的邻接局编号	设置信令点类型	配置相应的邻接局信令点编码,具体由"子业务字段"配置参数不同而变化,"国内"为 14 位,"国际"为 24 位

注意:本虚拟后台,邻接局 14 位信令点如果与 CN 侧本局 14 位信令点设置不一致,或者邻接局类别与 CN 侧设置不一致,则链路不可用告警,局向(邻接局 MSC 和 MGW,MSC 通过 MGW 转)不可达告警,LAPD 断告警,手机开机后网络正常,拨号时显示连接错误。

步骤 13：配置七号 PCM

1. 配置资源树窗口，右击选择"OMC"→"GERAN 子网用户标识"→"BSC 管理网元用户标识"→"配置集标识"→"BSC 全局资源标识"→"A 接口相关配置"→"本局信令点标识"→"邻接局配置"→"邻接局标识"→"创建"→"七号 PCM"，如图 2.1.36 所示。也可以在"邻接局标识"节点下的"七号 PCM 配置"子节点右击选择"创建"→"七号 PCM"。

2. 单击"七号 PCM"，弹出创建界面如图 2.11.37 所示。输入合适的参数后，单击"确定"完成创建，相关参数如表 2.11.9 所示，通过信息查看可知，本任务的 7 号 PCM 为 0。

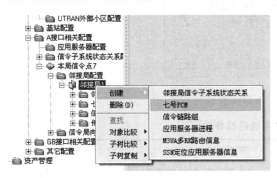

图 2.11.36　创建七号 PCM1　　　　　　图 2.11.37　创建七号 PCM

注意：本虚拟后台，七号 PCM 数据如果与 CN 侧设置不一致，则手机开机后网络正常，拨号时显示连接错误。

表 2.11.9　七号 PCM 参数

	用户标识	七号 PCM	单元号	PCM 号
值域	最大长度 40 的字符串	0～1023	以系统实际配置为准	9～24
缺省值	无	1	以系统实际配置为准	以系统实际配置为准
参数描述	方便用户识别的名称	标识的七号 PCM 号	无	无

步骤 14：配置信令链路组

1. 配置资源树窗口，右击选择"OMC"→"GERAN 子网用户标识"→"BSC 管理网元用户标识"→"配置集标识"→"BSC 全局资源标识"→"A 接口相关配置"→"本局信令点标识"→"邻接局配置"→"邻接局标识"→"创建"→"信令链路组"，如图 2.11.38 所示。也可以在"邻接局标识"节点下的"信令链路组配置"子节点右击选择"创建→信令链路组"。

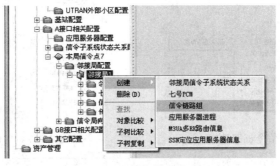

图 2.11.38　创建信令链路组 1

2. 单击"信令链路组",弹出创建界面如图 2.11.39 所示。输入合适的参数后,单击"确定"完成创建。相关参数如表 2.11.10 所示,通过信息查看可知,本任务的信令链路组号为 1。

图 2.11.39 信令链路组 2

表 2.11.10 信令链路组参数

	用户标识	信令链路组号	链路差错校正方法	信令链路组的类型
值域	最大长度 40 的字符串	1~512	基本误差校正法、预防循环重发校正法(PCR)	64 K 窄带信令链路组、2 M 窄带信令链路组
缺省值	无	1	基本误差校正法	64 K 窄带信令链路组
参数描述	方便用户识别的名称	该链路组的数字标识。一个邻接局下的信令链路组数目最多为 2 个,建议配置一个信令链路组	一般在线路传输时延小于 15 ms 时,使用基本误差校正方法;大于 15 ms 时,使用预防循环重发校正法(PCR)	设置信令链路组的类型

步骤 15:配置信令链路数据

1. 配置资源树窗口,右击选择"OMC"→"GERAN 子网用户标识"→"BSC 管理网元用户标识"→"配置集标识"→"BSC 全局资源标识"→"A 接口相关配置"→"本局信令点标识"→"邻接局配置"→"邻接局标识"→"信令链路组"→"创建"→"信令链路",如图 2.11.40 所示。

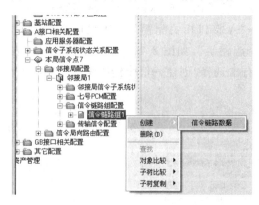

图 2.11.40 创建信令链路数据 1

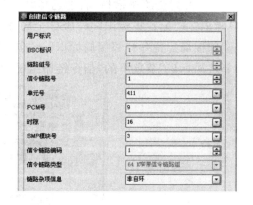

图 2.11.41 创建信令链路数据 2

　　2. 单击"信令链路数据"，弹出创建界面如图 2.11.41 所示。输入合适的参数后，单击"确定"完成创建，相关参数如表 2.11.11 所示，通过信息查看可知，本任务的信令链路编码为 1，信令链路时隙号为 16。

　　注意：本虚拟后台，信令链路组号编码或者信令链路时隙号如果与 CN 侧设置不一致，则手机开机后网络正常，拨号时显示连接错误。

表 2.11.11　信令链路数据参数

	用户标识	信令链路号	单元号	PCM 号	时隙	SMP 模块号	信令链路编码	链路杂项信息
值域	最大长度 40 的字符串	1～5 000	以实际配置为准	以实际配置为准	1～31	以系统中实际配置为准	0～15	非自环、自环
缺省值	无	1	以实际配置为准	以实际配置为准	1	以系统中实际配置为准	0	非自环
参数描述	方便用户识别的名称	标识的信令链路号，每个信令链路组下最多配置 16 条信令链路	无	无	根据实际需要配置时隙	信令链路所属的 SMP 模块号	到 1 个局向最多配置 16 条链路，且 SLC 须不同	设置链路是否自环

步骤 16：配置信令路由

　　1. 配置资源树窗口，右击选择"OMC"→"GERAN 子网用户标识"→"BSC 管理网元用户标识"→"配置集标识"→"BSC 全局资源标识"→"A 接口相关配置"→"本局信令点标识"→"创建"→"信令路由"，如图 2.11.42 所示。也可以在"本局信令点标识"节点下的"信令局向路由配置"子节点右击选择"创建→信令路由"。

　　2. 单击"信令路由"，弹出创建界面如图 2.11.43 所示。输入合适的参数后，单击"确定"完成创建。相关参数如表 2.11.12 所示，本任务信令路由号、邻接局局向号、信令链路组 1 号均设置为"1"。

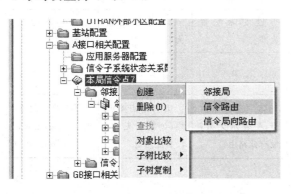

图 2.11.42　创建信令路由 1

图 2.11.43　创建信令路由 2

表 2.11.12　信令路由参数

	用户标识	信令路由号	邻接局局向号	信令链路组1	信令链路组2	信令链路排列方式
值域	最大长度40的字符串	1~1 000	以邻接局配置时的局向号为准	0~1	0~1	默认即可
缺省值	无	1	同上	0	0	任意排列
参数描述	方便用户识别的名称	标识的信令路由号	从已配置的邻接局中选择	0表示无第一个信令链路组	0表示无第二个信令链路组	根据实际设置信令链路排列方式

步骤 17：配置信令局向路由

1. 配置资源树窗口,右击选择"OMC"→"GERAN 子网用户标识"→"BSC 管理网元用户标识"→"配置集标识"→"BSC 全局资源标识"→"A 接口相关配置"→"本局信令点标识"→"创建"→"信令局向路由",如图 2.11.44 所示。也可以在"本局信令点标识"节点下的"信令局向路由配置"子节点右击选择"创建→信令局向路由"。

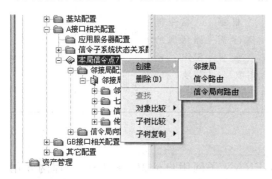
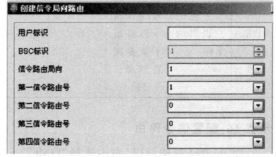

图 2.11.44　创建信令局向路由 1　　　　图 2.11.45　创建信令局向路由 2

2. 单击"信令局向路由",弹出创建界面如图 2.11.45 所示。输入合适的参数后,单击"确定"完成创建。相关参数如表 2.11.13 所示,本任务第一信令路由号设置为"1"。

表 2.11.13　信令局向路由参数

	用户标识	信令局向路由	第一路由号	第二路由号	第三路由号	第四路由号
值域	最大长度40的字符串		以实际配置为准	以实际配置为准	以实际配置为准	以实际配置为准
缺省值	无		0	0	0	0
参数描述	方便用户识别的名称	标识的信令局向路由	正常路由号,0表示无效,没有此路由	第一迂回路由号,0表示无效,没有此路由	第二迂回路由号,0表示无效,没有此路由	第三迂回路由号,0表示无效,没有此路由

五、任务成果

1. 信息查看的截图。
2. 硬件配置完成后的机架面板图。
3. A 接口配置流程图。

六、拓展提高

请完成 BSC 与 CN 侧之间 IP 接口的配置。

任务 12　配置 GSM BTS 设备

一、任务介绍

基站收/发信台(BTS)属于 GSM 系统中基站子系统(BSS)的无线部分设备。BTS 由基站控制器(BSC)控制,服务于蜂窝小区中某一小区,作为该小区内的无线收/发信台,实现 BSS 与移动台(MS)之间空中接口 Um 的无线传输和相关控制,同时与 BSC 一起实现无线信道之间的切换。BTS 在 GSM 系统中的位置如图 2.12.1 所示。

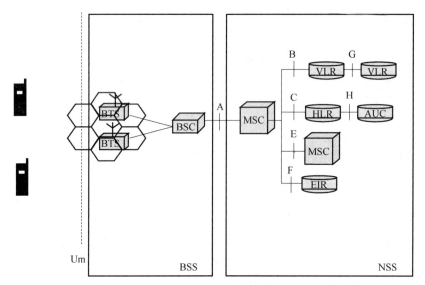

BSC:基站控制器　BTS:基站收/发信台　BSS:基站子系统　AUC:鉴权中心
EIR:设备识别寄存器　HLR:归属位置寄存器　VLR:拜访位置寄存器

图 2.12.1　BTS 位置

ZXG10 BTS 系列是 GSM900/DCS1800 一体化兼容平台,主要运用于业务量密集的大中城市和中小城市的业务密集地区,在本教材学习情境 1 中详细介绍了其中的 M8018 设备,本任务要求学生使用 ZXG-BSS 实验仿真教学软件系统,按照基站开局的要求,结合任务 11 完成对某个 ZXG10 M8018 BTS 的配置,并通过虚拟电话平台进行验证。

二、任务用具

ZXG-BSS 实验仿真教学软件系统、电脑。

三、任务用时

建议 2 课时。

四、任务实施

（一）基站设备配置

步骤 1：创建基站节点标识

1. 进入配置资源树窗口，右击选择"OMC"→"GERAN 子网用户标识"→"BSC 管理网元用户标识"→"配置集标识"→"BSC 全局资源标识"→"基站配置"→"创建"→"基站"，如图 2.12.2 所示。

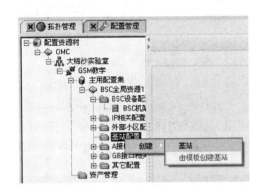

图 2.12.2　创建 B8018 站点 1

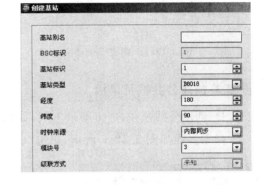

图 2.12.3　创建 B8018 站点 2

2. 单击"基站"，弹出界面，如图 2.12.3 所示，"基站类型"参数选择"B8018"。

与图 2.12.3 内容相关的关键参数如表 2.12.1 所示，本任务中基站标识设为 1，模块号设为 3。

表 2.12.1　基站相关参数

	基站别名	基站标识	基站类型	时钟来源	模块号
值域	最大长度 40 的字符串	1～1536	BS20、BS21、BS21V20、BS30、 BS30V12、 OB06、B8018、B8112 等	内部同步 网同步	以实际配置为准
缺省值	无	1	BS20	内部同步	3
参数描述	用中文或字母标注的基站名	在所属 BSC 中的基站编号	选择需要创建的基站类型	无	该站点所属的模块号

3. 单击"确定"按钮，成功创建对应配置的基站节点标识。

步骤 2：创建基站机架

1. 配置资源树窗口，右击选择"OMC"→"GERAN 子网用户标识"→"BSC 管理网元用户标识"→"配置集标识"→"BSC 全局资源标识"→"基站配置"→"基站标识"→"基站设备配置"→"创建"→"基站机架",如图 2.12.4 所示。

2. 单击"基站机架",弹出界面,如图 2.12.5 所示。单击"确定"按钮,成功创建对应配置的机架。在配置资源树中双击"基站机架标识",出现机框图。

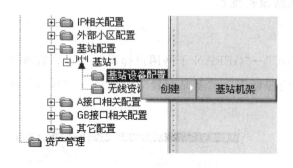

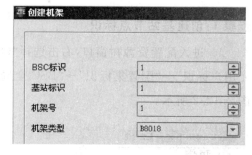

图 2.12.4　创建 B8018 站点 3　　　　　　　图 2.12.5　创建 B8018 站点 4

步骤 3:创建公共框及单板

1. 创建公共框:右击机架最上层,如图 2.12.6 所示,选择"创建机框"。

弹出界面如图 2.12.7 所示,单击"确定",成功创建公共框。

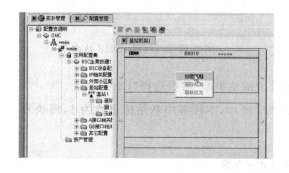

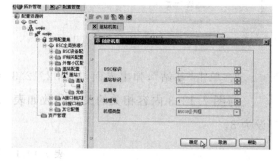

图 2.12.6　创建 B8018 公共框 1　　　　　　　图 2.12.7　创建 B8018 公共框 2

2. 创建 PDM 单板:在 PDM 单板位置右击选择"创建面板",如图 2.12.8 所示。

弹出界面如图 2.12.9 所示,单击"确定",完成 PDM 单板创建。

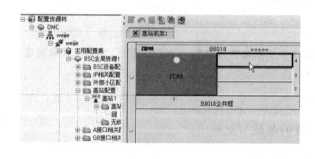

图 2.12.8　创建 PDM 单板 1　　　　　　　图 2.12.9　创建 PDM 单板 2

3. 创建 EIB 单板:在 EIB 单板位置右击选择"创建面板",如图 2.12.10 所示。

图 2.12.10 创建 EIB 单板 1

弹出界面如图 2.12.11 所示,单击"确定",完成 EIB 单板创建。

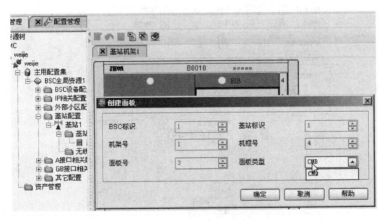

图 2.12.11 创建 EIB 单板 2

4. 创建 CMB 单板:在 CMB 单板位置右击选择"创建面板",如图 2.12.12 所示。

图 2.12.12 创建 CMM 单板 1

弹出界面中"面板类型"选择"CMB","连接类型模式"选择"BSC"(若是级连方式,选择连接"基站"),需要的 PCM 线"连接类型"选择"连接",如图 2.12.13 所示。

单击"连接"按钮,弹出界面列出了可供选择的 BSC 的 PCM 号,从列表中选择 PCM 号,单击"确定",即配置好一条 PCM 线,本任务连接类型模式为 PCM1,PCM 连线配置如图 2.12.14 所示。

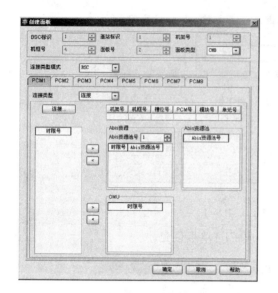

图 2.12.13 创建 CMM 单板 2

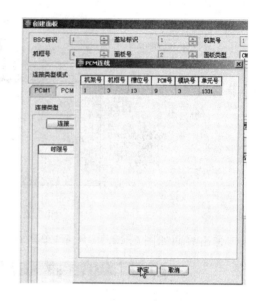

图 2.12.14 创建 CMM 单板 3

进入下一界面后设置"Abis 资源池号",从"时隙号"下的列表中按需要选择时隙,本任务将时隙 1 到时隙 15 均通过单击上方的">"组合入资源池;同样按需要选择时隙,单击下方的">"配置为 OMU 时隙号,本任务 OMU 时隙号为 16,如图 2.12.15 所示。配置完毕后单击"确定",完成 CMB 单板创建。

图 2.12.15 创建 CMB 单板 4

步骤 4:创建资源框及单板

1. 创建资源框:右击机架相应层,如图 2.12.16 所示,选择"创建机框"。

弹出界面如图 2.12.17 所示,单击"确定",成功创建资源框。

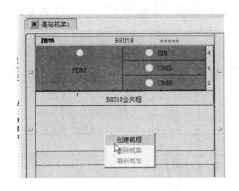

图 2.12.16　创建 B8018 资源框 1　　　　图 2.12.17　创建 B8018 资源框 2

2. 创建 AEM 单板:在 AEM 单板位置(1、9)右击选择"创建面板",如图 2.12.18 所示。

弹出界面如图 2.12.19 所示,"面板类型"有"CDU10M"、"CDU8M"、"CEU"和"RDU"四类可选。本任务配置 B8018 时可以选择"CDU10M",选择完毕后单击"确定"完成 AEM 单板创建。

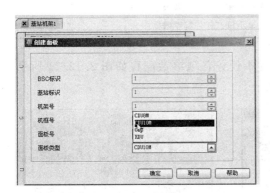

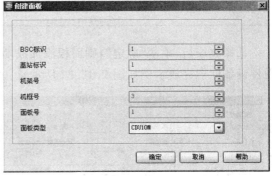

图 2.12.18　创建 CDU 单板 1　　　　图 2.12.19　创建 CDU 单板 2

3. 创建 DTRU 单板:对于双载波载频 DTRU,BTS 设置两个子面板进行配置,占 2 个槽位(2、3),系统为每个逻辑载频分配独立的面板。在 DTRU 面板位置右击选择"创建面板",如图 2.12.20 所示。

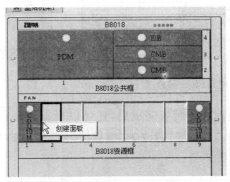

图 2.12.20　创建 DTRU 单板 1

在"面板类型"中选择"DTRU",在"分合路器板"列表中选择分合路器,单击"增加",配置此 DTRU 与分合路器的连接状态,并根据实际需要选择是否"使用 IRC",DTRU 面板有4 种工作模式,取值如表 2.12.2 所示。

说明:IRC 称为干扰拒绝合并(Interference Reject Coalition),当使用分集式天线时,两个天线(或者一个交叉极化天线)同时接收无线信号,将较好的信号传送到 BTS 接收机单元。

表 2.12.2　DTRU 面板工作模式

工作模式	说明
双载波模式下,无四路分集,无 DPCT 或 DDT 设置	DRTU 可以同时配置两个面板
单载波模式下,仅配置四路分集	DTRU 只配置左边面板及分合路关系,右边的面板只在机框图上显示没有任何配置数据
单载波模式下,四路分集＋DPCT	DTRU 只配置左边面板及分合路关系,右边的面板只在机框图上显示没有任何配置数据
单载波模式下,四路分集＋DDT,此时 Delay Count 域有效	此时界面上的"延时发射数"参数有效
单载波模式下,无四路分集,无 DPCT 或 DDT 设置	DTRU 只配置左边面板及分合路关系,右边的面板只在机框图上显示没有任何配置数据

选择完毕后,单击"确定",则面板添加成功。本任务各项参数配置如图 2.12.21 所示。硬件设备创建完成示例如图 2.12.22 所示。

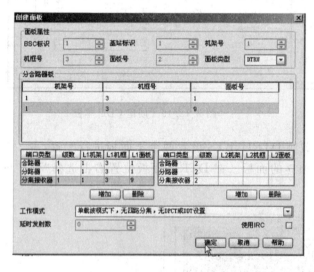

图 2.12.21　创建 DTRU 单板 2

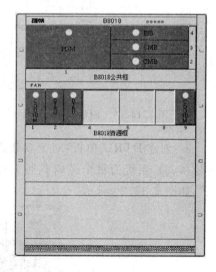

图 2.12.22　B8018 机框图示例

注意:DTRU 左右两块面板均配置完成后,还可以根据需要在左面板上右击选择"面板属性",修改工作模式。当从"双载波"修改为"单载波"后,单击图中"确定",机框图上对应的右面板将自动删除。

（二）无线资源配置

步骤 5：创建小区

1. 配置资源树窗口，右击选择"OMC"→"GERAN 子网用户标识"→"BSC 管理网元用户标识"→"配置集标识"→"BSC 全局资源标识"→"基站配置"→"基站标识"→"无线资源配置"→"创建"→"小区"，如图 2.12.23 所示。

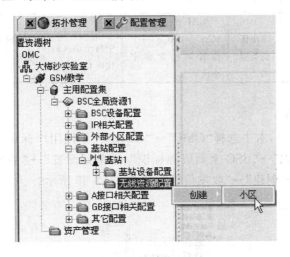

图 2.12.23　创建小区 1

2. 单击"小区"，弹出界面，配置合适的参数后，单击"确定"完成配置。基本参数 1 详细解释如表 2.12.3 所示，本任务参数的选择如图 2.12.24 所示。

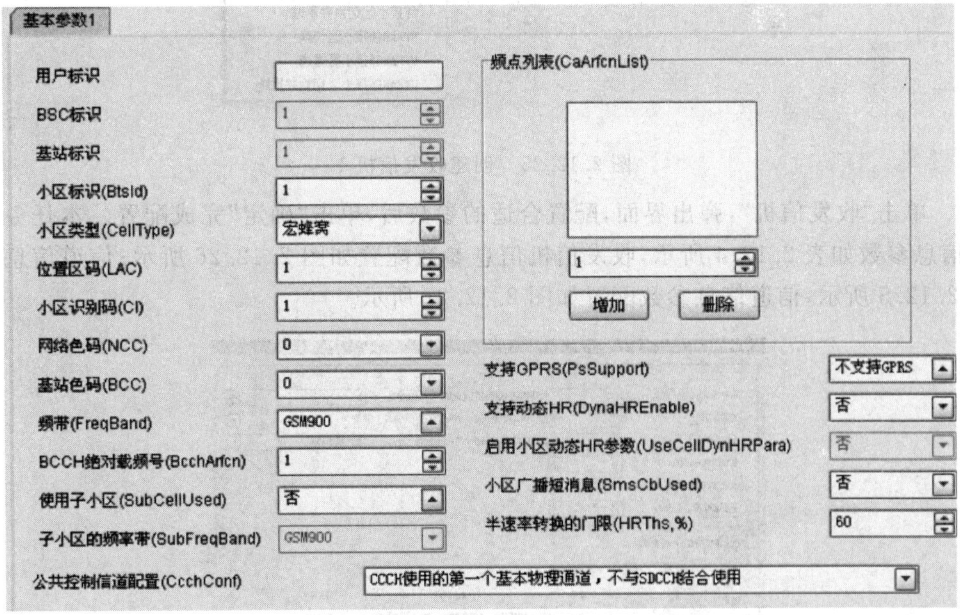

图 2.12.24　创建小区 2

表 2.12.3　小区基本参数 1

	用户标识	小区标识	小区类型	位置区码(LAC)	小区识别码(CI)	频带(FreqBand)	BCCH 绝对载频号
值域	详见软件	1~6	详见软件	1~65 535	0~65 535		详见软件
缺省值	无	按实际排序	宏蜂窝	1	0	GSM900	1
参数描述	用户定义	本小区的编号	本小区的类型	LAI = MCC + MNC+LAC。一个位置区包含多个小区	同一位置区中每个小区的代码 CI 唯一	系统支持的频带	根据"频带"参数的选择及实际取值

步骤 6：创建收发信机

1. 配置资源树窗口,右击选择"OMC"→"GERAN 子网用户标识"→"BSC 管理网元用户标识"→"配置集标识"→"BSC 全局资源标识"→"基站配置"→"基站标识"→"无线资源配置"→"小区标识"→"创建"→"收发信机",如图 2.12.25 所示。

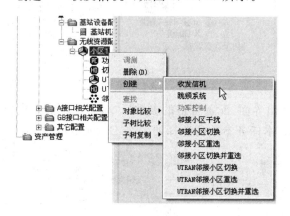

图 2.12.25　创建收发信机 1

2. 单击"收发信机",弹出界面,配置合适的参数后,单击"确定"完成配置。本任务收发信机信息参数如表 2.12.4 所示,收发信机信息参数配置如图 2.12.26 所示;信道信息参数如表 2.12.5 所示,信道信息参数配置如图 2.12.27 所示。

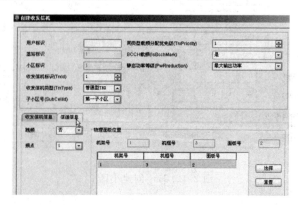

图 2.12.26　收发信机信息界面

表 2.12.4　收发信机信息参数

	用户标识	收发信机标识（TrxId）	收发信机类型（TrxType）	子小区号（SubCellId）	是否 BCCH 载频（IsBcchMark）	是否跳频
值域	最大 40 的字符串	1～54	普通型 TRX、扩展 TRX	第一子小区、第二子小区	是、否	是、否
缺省值	无	1	普通型 TRX	第一子小区	否	否
参数描述	无	在所属小区中的 TRX 编号。一个小区中最多可以使用 64 个载频	普通 TRX 适用普通小区，扩展 TRX 适用扩展小区	双频共小区，描述该收发信机属于双频共小区的哪个子小区；不是双频共小区，取值为"第一子小区"	无	该参数表示是否跳频

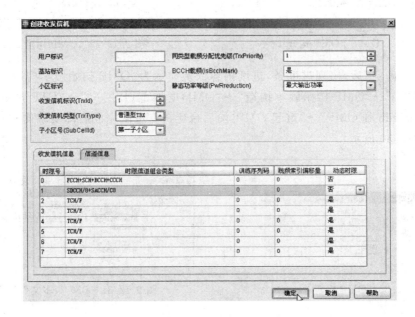

图 2.12.27　信道信息界面

表 2.12.5　信道信息参数

	时隙信道组合类型	训练序列码	跳频索引偏移量	动态时隙
		0～7	0～63	是、否
缺省值	TCH/F	0	0	是
参数描述	该参数定义时隙信道组合类型	该时隙的训练序列码。训练序列码一般共有 8 种，对于 BCCH 信道所在的时隙，此参数必须等于小区的 BCC		"是"表示是动态时隙，"否"表示是固定配置的时隙

(三)其他配置

步骤 7:构建 OMP

在已经创建成功公共资源配置、已插入 OMP 单板且 OMP 与网管服务器有网线正常物理连接的前提下,设置 OMP 的初始参数与创建初始版本文件,使 OMP 与网管服务器能正常通信。

1. 双击虚拟桌面上的"OMP 构建"图标,开始构建。

2. 出现 OMP 构建界面,如图 2.12.28 所示。在下拉框中单击选择所要 OMP 构建的 BSC 管理网元标识,如图 2.12.29 所示。

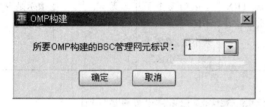

图 2.12.28　OMP 构建 1

图 2.12.29　OMP 构建 2

3. 单击"确定"后,出现进度条,进度内容依次显示为"OMP 初始版本构造"→"格式化 IDE0 和 DOC0"→"OMP 初始版本构造"→"OMP 增加 FTP 用户"→"FTP 拷贝 cfgtable. zdb 和 dbver.zdb 到 OMP"→"重起 OMP,前后台建链",进度完成后即要求的 OMP 构建成功,如图 2.12.30 所示。

图 2.12.30　OMP 构建 3

图 2.12.31　BSC 版本文件界面 1

步骤 8:BSC 软件版本管理

1. 软件版本管理资源树窗口,双击选择"OMC"→"GERAN 子网用户标识"→"BSC 管理网元用户标识"→"BSC 软件版本管理标识",如图 2.12.31 所示。在右栏中选择"BSC 版本文件"子页面。

2. 在图中,单击"+",弹出界面如图 2.12.32 所示。

单击右方的"浏览"字样,在弹出的图 2.12.33 中选择需要入库的版本文件存放路径,单击"打开",将内容装载进去,如图 2.12.34 所示。

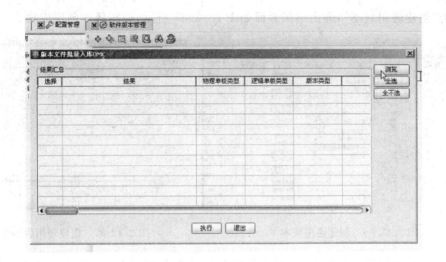

图 2.12.32　批量添加 BSC 版本文件 1

图 2.12.33　批量添加 BSC 版本文件 2

图 2.12.34　批量添加 BSC 版本文件 3

3. 可以勾选需要批量入库的版本文件,也可以单击"全选"或"全不选"选择,选择完毕后单击"执行",完成版本批量入库,若版本文件之前未加载,结果显示"操作成功",否则结果显示"文件名冲突,版本中已存在同名的版本文件",如图 2.12.35 所示。关闭图中所示界面,完成版本批量入库。

图 2.12.35　批量添加 BSC 版本文件 4

4. 在已经入库的版本中选择需要同步到网元的,右击选择"添加到网元",创建为通用版本的,右击选择"创建通用版本",如图 2.12.36 所示。

单击"创建通用版本",弹出结果界面如图 2.12.37 所示,通用版本创建成功。

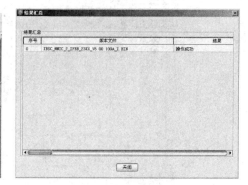

图 2.12.36　创建通用版本 1　　　　　　　图 2.12.37　创建通用版本 2

可在"BSC 通用版本"子页面中查询到此版本,并进行版本激活,如图 2.12.38 所示。

图 2.12.38　创建通用版本 3

步骤 9:BTS 软件版本管理

BTS 软件版本管理的各项操作步骤与 BSC 软件版本管理类似。

步骤 10:配置数据通用操作

1. 全局数据合法性检查

(1) 配置资源树窗口,右击选择"OMC"→"GERAN 子网用户标识"→"BSC 管理网元用户标识"→"配置数据管理"→"全局数据合法性检查",如图 2.12.39 所示。

(2) 单击"全局数据合法性检查",弹出确认界面,如图 2.12.40 所示。

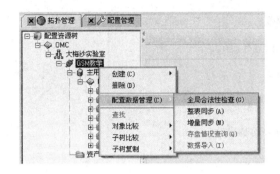

图 2.12.39　全局数据合法性检查 1

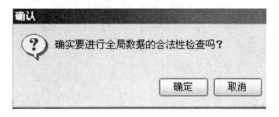

图 2.12.40　全局数据合法性检查 2

单击确定,开始检查,如图 2.12.41 所示。

（3）全局数据合法性通过检查,弹出操作成功界面,如图 2.12.42 所示。

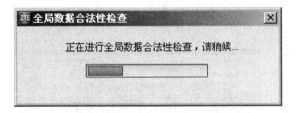

图 2.12.41　全局数据合法性检查 3

图 2.12.42　全局数据合法性检查 4

2. 整表同步

（1）配置资源树窗口,右击选择"OMC"→"GERAN 子网用户标识"→"BSC 管理网元用户标识"→"配置数据管理"→"整表同步",如图 2.12.43 所示。

（2）单击"整表同步",先进行全局数据合法性检查,检查通过后单击"确定"弹出界面,如图 2.12.44 所示。

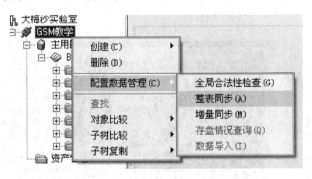

图 2.12.43　整表同步 1

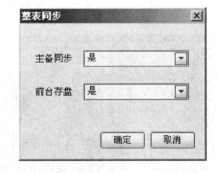

图 2.12.44　整表同步 2

根据需求配置合适的参数后,单击"确定",开始同步,同步成功后弹出界面,如图 2.12.45 所示。

图 2.12.45　整表同步成功

（四）拨打验证

步骤 11：启动虚拟手机平台

在桌面双击"虚拟电话"图标，进入虚拟电话拨号界面，如图 2.12.46 所示。

步骤 12：短信验证

单击其中 1 个虚拟手机进入短信发送界面并输入短信内容，如图 2.12.47 所示，发送到其他待机手机，如图 2.12.48 所示，如果配置正确，对方会收到短信，如图 2.12.49 所示。

图 2.12.46　虚拟电话拨号界面 1

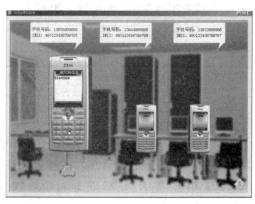

图 2.12.47　编辑短信

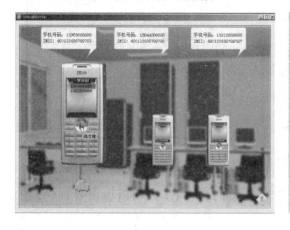

图 2.12.48　发送短信

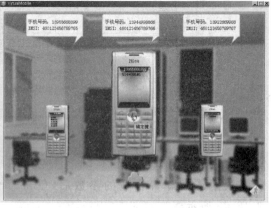

图 2.12.49　接收短信

步骤 13：电话验证

单击其中 1 个虚拟手机，进入电话呼叫界面，拨打其他待机手机，如果配置正确，对方会收到来电，如图 2.12.50 所示。

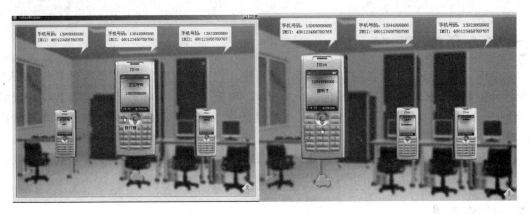

图 2.12.50　被叫振铃

五、任务成果

1. 硬件配置完成后的机架面板图。
2. 与 BSC 配置对应的参数列表。
3. 拨打测试成功的截图。

六、拓展提高

除通过虚拟手机平台来验证配置是否成功外，还有什么方法可以检测数据的正确性？

任务 13　配置 WCDMA NodeB 设备

一、任务介绍

CME 系统是 RAN 设备的辅助工程设计系统。它采用图形化界面,提供对 RAN(RAN 系统下包括多个 RNS,一个 RNS 包括一个 RNC 和至少一个 NodeB)设备进行数据配置的一体化解决方案,简化 RAN 数据配置工作的复杂性,提高数据配置效率,降低客户日常维护成本。

某基站机房 WCDMA NodeB 设备已经完成硬件、软件安装和调测,现需对其进行数据配置。请按照任务要求,利用华为 CME 系统来完成 DBS3900 的配置。

二、任务用具

DBS3900 基站一台,电脑若干,CME 软件若干;若需结果验证,则需若干 LMT 软件及交换机。

三、任务用时

建议 6 课时。

四、任务步骤

步骤 1:认识华为 CME 软件

1. CME 系统组成

硬件上,CME 系统由服务器和客户端两部分设备组成:CME 服务器和 CME 客户端。CME 服务器安装数据库软件和相应的服务程序,实现核心的数据逻辑处理。CME 客户端安装 CME 应用程序,提供界面展示,多版本调度,所有业务配置的操作入口。物理上,CME 客户端和 CME 服务器可位于相同或不同的设备上。

软件上,CME 系统包括:操作系统、数据库软件和应用软件(指 CME 系统中必配的上层应用程序,包括 CME Application Server、CME 客户端应用程序,用于实现 CME 不同逻辑实体的功能)。

2. CME 运行方式

CME 有两种运行方式:独立运行和联机运行。

独立运行,不集成于网管系统,不与现网实时连接。通过直接启动 CME 应用程序(即 CME 客户端)的方式进行数据配置。该模式主要满足用户在非网管环境下对数据进行配置的需求,适用场景较灵活。CME 客户端和 CME 服务器可以位于相同或不同的计算机上。

联机运行,CME 集成于 M2000 网管系统运行,能够与现网设备建立实时连接。通过从 M2000 客户端上启动 CME 客户端的方式进行数据配置。该模式用于用户在网管环境下对数据进行配置维护的场景。CME 客户端与 M2000 客户端位于相同的计算机上,CME 客户端和 CME 服务器位于不同的计算机上。

3. CME 相关概念

（1）CME 协商数据文件：为了简化初始配置的过程，根据实际情况在站点准备阶段获取的配置数据（包括无线层网络规划数据文件、Iu/Iur 接口协商数据、Iub 接口协商数据），模板格式为 Excel（.xls）文件。进行 RAN 初始配置或扩容时，将协商数据文件中的数据导入 CME，生成 CME 配置数据。

（2）CME NodeB 模板文件：指为简化 NodeB 侧的数据配置，按照常用的配置类型、解调模式、Iub 传输方式等预定制的一些规范的、典型的数据集合。进行 NodeB 初始配置时，根据 NodeB 类型导入 NodeB 模板文件。

（3）CME NodeB 配置文件：指为使 NodeB 正常工作，实现各部分功能而生成的 NodeB 侧所有配置数据的集合。格式为 .xml，又称为 NodeB XML 文件。可以作为完成 NodeB 数据配置后的导出文件直接加载到 NodeB 前台。同时，还可以作为使用 CME 配置 NodeB 的可选数据输入源。

4. CME 使用场景

使用 CME 完成 RAN 初始配置后导出文件，传递给 NodeB 的 LMT 并加载到前台生效；使用 CME 对 RAN 进行配置调整时，通过导入已有的 NodeB 配置文件来同步 NodeB 的现网数据。

步骤 2：准备配置数据

请根据所提供的协商数据，完成数据准备。

1. 基本数据

表 2.13.1　NodeB 基本数据

NodeB	1
位置区	1
小区	1
路由区	1
上行频点	9612
下行频点	10562
移动网络号	10
LAISAI 号码	4601000010001
ATM 地址	H'45861390075520000000000000000000000000000

2. 控制面数据

表 2.13.2　NodeB 控制面数据

SAAL LINK No.	SAAL Bearing Type	SAAL Bearing VPI	SAAL Bearing VCI	SAAL Bearing Upper Application
30	IMA	0	37	NCP
31	IMA	0	38	CCP
32	IMA	0	39	ALCAP
33	IMA	0		Others:_____

3. 用户面数据和 IPOA 参数

表 2.13.3　NodeB 用户面和 IPOA 数据

NodeB ATM Address	H′458613900755200000000000000000000000000000			
AAL2 Path Id	1	2	3	4
AAL2 Path VPI/VCI	0/54	0/55	0/57	0/58
NodeBOMIP Address/Subnetwork Mask	129.9.0.106			
M2000 IP Address/Subnetwork Mask	129.9.0.102			
IPOA Local IP Address/Subnetwork Mask	20.20.20.21			
IPOA Peer IP Address/Subnetwork Mask	20.20.20.20			
PVC VPI/VCI	0/56			

步骤 3：创建逻辑 NodeB

NodeB 数据配置分三大步：设备层数据配置、传输层数据配置和本地小区数据配置。操作终端启动 CME 软件，进入 CME 登录数据配置操作台界面，如图 2.13.1 所示。

图 2.13.1　CME 数据配置操作平台界面　　　　图 2.13.2　打开 RAN 操作界面

1. 创建 RNS

（1）在 CME 主界面上的菜单栏中选择"System"-"OpenRAN，"，弹出"Open RAN"对话框，如图 2.13.2 所示。

（2）在"Open RAN"对话框的下拉列表中选择 CME 服务器，单击"OK"按钮，打开RAN，如图 2.13.3 所示。

图 2.13.3　选择 CME 服务器操作界面

（3）在左侧 RNA 导航列表中，右击"RAN"，选择"Add RNS"，弹出"Add RNS"对话框，如图 2.13.4。在"RNS Id"文本框中输入该 RNC 标识（用户自定义），在"RNC version"下拉框中选择 RNC 版本,在"NodeB Versions"列表中选择该 RNC 下需要创建的 NodeB 类型。

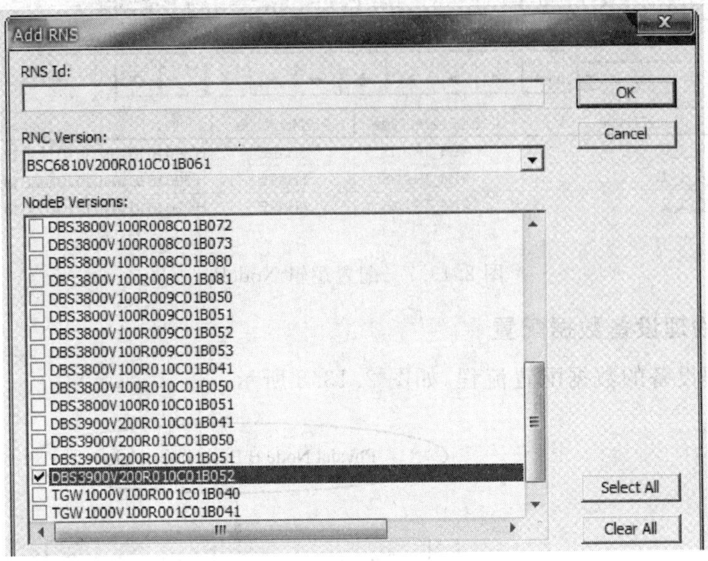

图 2.13.4　ADD RNS 操作界面

（4）在左侧 RAN 导航列表中,单击所创建的 RNS,选择"Open RNS",打开该 RNS,如图 2.13.5 所示。

2. 创建逻辑 NodeB

逻辑 NodeB 用于向 RNC 标识一个 Node 的存在。

（1）在 CME 主界面中单击 NodeB 按钮,再单击配置任务框中的"NodeB CM Express",进入"NodeB CM Express"窗口,如图 2.13.6 所示。

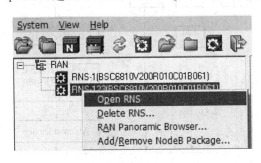

图 2.13.5　打开 RNS 操作界面

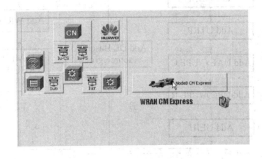

图 2.13.6　打开 NodeBCM Express 窗口操作界面

（2）双击左边编辑框,进入"NodeB Basic Information"窗口,如图 2.13.7 所示。

（3）选中"NodeBId",单击"＋"键,增加一条 NodeB 记录。根据准备数据设置"NodeB-Name""Iub Bearer Type""NSAP"等数据信息。

（4）单击"√"按钮,保存配置结果。

（5）如需配置多个 NodeB,可重复以上(2)～(4)配置,增加多条 NodeB 记录。

（6）单击右上角"Close"图标,关闭逻辑 NodeB 配置窗口。

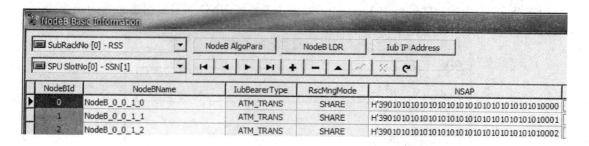

图 2.13.7 配置逻辑 NodeB

步骤 4:NodeB 物理设备数据配置

NodeB 物理设备的数据配置流程,如图 2.13.8 所示。

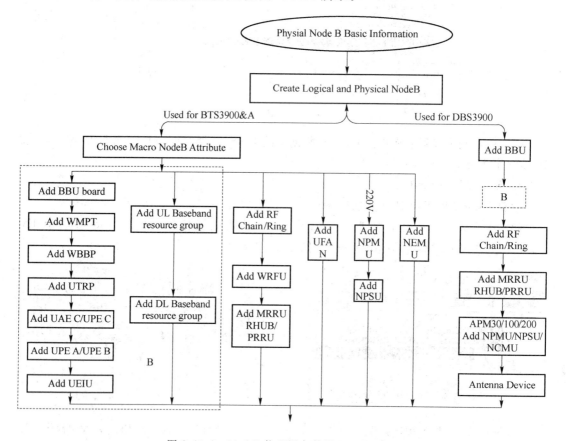

图 2.13.8 NodeB 物理设备数据配置流程图

1. 创建本地物理 NodeB

(1) 单击"N"按钮,进入"Physial NodeB Basic Information"窗口。

(2) 在窗口左侧选中一个逻辑 NodeB,单击中间手指按钮,弹出"Create Physical NodeB",如图 2.13.9 所示。

(3) 根据准备数据在"Version"下拉框中选择 NodeB 类型及版本,在"Template"下拉列表框中选择"Do not use template",单击"OK"按钮开始进入导入操作,弹出"NodeB Crea-

ting"提示框并显示导入进度。

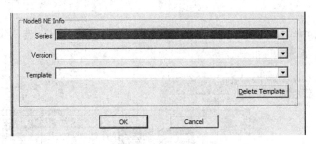

图 2.13.9　Create Physical NodeB 对话框

（4）导入成功后，弹出"Information"提示框，单击"确定"按钮，返回"Physial NodeB Basic Information"窗口，窗口右侧显示已配置的物理 NodeB 信息。

（5）选中所创建的物理 NodeB，单击右侧界面第一个矩形方框按钮，进入"NodeB Equipment Layer"窗口，如图 2.13.10 所示。

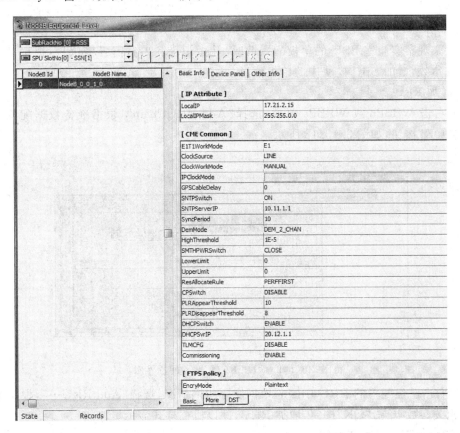

图 2.13.10　物理 NodeB 设备层基本信息配置界面

（6）选择页签"Basic Info"，根据实际情况配置物理 NodeB 基本信息各参数。

2. 增加 BBU 模块

BBU 模块主要包括主控传输板 WMPT、基带处理版 WBBP、扩展传输板 UTRP、电源与环境监控单元 UPEU(UPEA/UPEB)等功能单板,支持即插即用功能,可根据需要进行配置。

在"Node Equipment Layer"窗口中,选择页签"Device Panel",进入 BBU 模块配置面板界面,如图 2.13.11 所示。

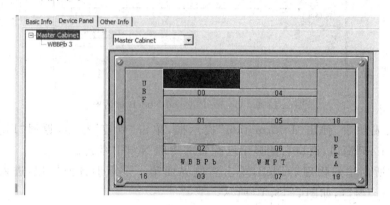

图 2.13.11 BBU 模块配置面板界面

请大家观察实验室 BBU 的单板配置情况,并做记录。再右击各槽位号,根据准备数据配置相关参数,增加 BBU 模块中的单板信息。

3. 增加 RRU

(1) 右击 WBBPb 或 WBBPa 单板,选择"Add RRUChain",根据准备数据配置相关参数,单击"OK"按钮,如图 2.13.12 所示。

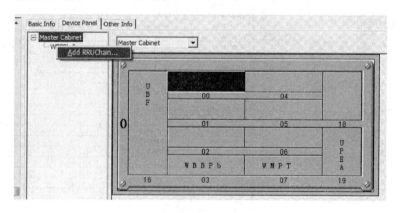

图 2.13.12 增加 RRUChain 配置界面

(2) 右击已经配置的 RRU Chain,根据实际组网情况,选择"Add RRU…",根据准备数据配置相关参数,单击"OK"按钮,增加 RRU,并以机框样式显示。

4. 增加上下行基带资源组

基带资源分为上行资源和下行资源,通过指定上行资源组 ID 给小区配置上行资源,通过指定下行资源组 ID 给小区配置下行资源。配置上下行基带资源组,可使基站上下行基带资源被合理分配。

(1) 在"NodeB Equipment Layer"窗口中,选择页签"Other Info",进入增加上下行基带

资源组界面,如图 2.13.13 所示。

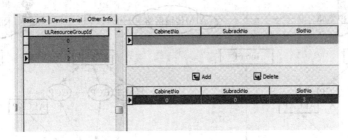

图 2.13.13　加上下行基带资源组配置界面

（2）单击"UL Group"按钮,在区域 1 中选中"UL ResourceGroupId",单击"＋"按钮,增加多个上行基带资源组。

（3）单击"√"按钮,保存配置结果。

（4）在区域 1 选中一个上行基带资源组,在区域 2 选中上行基带资源,单击"ADD"按钮,将选中的上行基带资源增加到上行资源组中。

（5）单击"DLGroup"按钮,重复步骤 2～4,增加一个或多个下行基带资源组。

配置上下行基带资源组需遵循如下原则。

（1）配置下行资源组,属于该资源组内的本地小区只能建立在该资源组范围内的单板上。

（2）下行资源组包含的下行处理单元必须属于某一个上行资源组,否则会上报下行资源组不是上行资源组的子集告警。

（3）由于单个上行最大能处理 6 个小区,在系统支持大于 6 个小区时,需要对上行资源进行分组,分组原则为:每个上行资源组最大处理 6 个小区;同一个上行资源组内的小区可以进行软切换,同频的小区尽量分在一个上行资源组内;在满足原则（2）的前提下,资源组尽量少,如 3 * 2 配置没有必要分为两个资源组,分为一个资源组即可,资源组内包含 2 个载波、6 个小区。

步骤 5:基于 ATM 的传输配置

1. 认识 IUb 接口

在配置 BSC6810 的 IUb 接口之前,大家需要先建立一些基本概念。

（1）Iub 接口 ATM 传输协议栈

无线网络层的控制面 NBAP 用于传输信令。无线网络层的用户面（各种 FP）用于传输用户业务数据。这两种数据分别是通过 Iub 接口的 NCP/CCP（信令）和 AAL2 PATH（业务）传输和承载的。

NCP/CCP 分别用来传输 Iub 接口（也就是 433 协议）中的公共信令和专用信令,基本NCP 是一个基站配置一条,CCP 一般一个小区配置一条（由话务模型决定）。

AAL2 PATH 的数量也由话务模型决定。AAL2 PATH 是一条静态的"管道",而实际上传输业务数据时是在 AAL2 PATH 这条静态的管道内动态建立、释放 AAL2 连接;每条AAL2 PATH 可最多建立 256 条 AAL2 连接（0～7 协议保留,业务实际可用的最多为 8～255）。

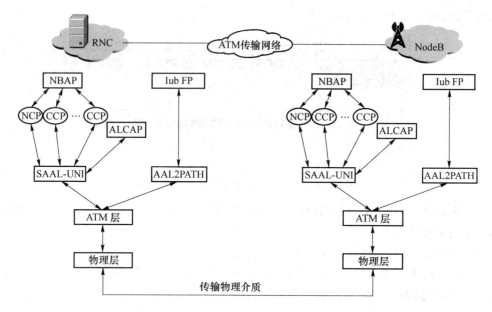

图 2.13.14　Iub 接口协议栈

传输网络层的控制面（ALCAP）的作用就是负责 RNC 和对端（NodeB、CS CN 节点、邻近 RNC）之间 AAL2 连接的动态建立、释放等过程。

控制面和用户面只是高层和 AAL 层不同，而 ATM 层和物理层并不区分用户和控制面，对这两个平面的处理是完全相同的。

AAL 即 ATM 适配层，它存在的理由在于在下行方向上把高层传来的数据（控制面和用户面不同）适配成 ATM 的数据单元格式，上行方向同理。由于控制面和用户面具有不同的业务特点，因此使用不同的适配层 SAAL（信令适配层）、AAL2（比较适合业务）。

（2）IMA 实现原理

ATM 反向复用是把多个低速的物理链路捆绑在一起，要把传输的高速数据流通过统计复用到这些低速的链路上来，从而增加传输的可靠性；其中任何一条链路的中断不会导致业务中断。

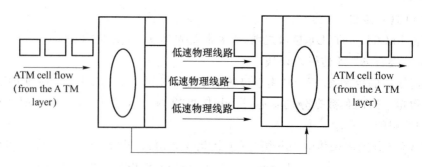

图 2.13.15　IMA 原理

2. 增加 IMA 组合 IMA 链路

（1）在"Physical NodeBasic Information"窗口中，选中一个物理 NodeB，单击 按钮，进入"Node ATM Transport Layer"窗口。

（2）单击"ATMPort"按钮，选择页签"IMA"，如图 2.13.16 所示。

图 2.13.16　配置 IMA 组和 IMA 链路操作界面

（3）选中"SubrackNo"，单击"…"按钮，进入"Search Iub Board"窗口，如图 2.13.17 所示。

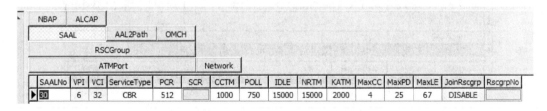

图 2.13.17　选择接口板操作界面

（4）选择一块接口板，单击"OK"按钮，返回"NodeB ATM Transport Layer"窗口；单击"√"按钮，增加一个 IMA 组。

（5）选中"LinkNo"，单击"…"按钮，进入"Search E1/T1 Port"窗口。选择一个 E1/T1 端口，单击"OK"按钮，返回"NodeB ATM Transport Layer"窗口；单击"√"按钮，增加一条 IMA 链路。

3．增加 SAAL 链路

ATM 传输时，SAAL 链路用于承载 NBAP 和 ALCAP。

（1）在"NodeB ATM Transport Layer"窗口中，单击"SAAL"按钮，在配置界面下方出现 SAAL 的配置界面，如图 2.13.18 所示。

	NBAP	ALCAP															
	SAAL		AAL2Path	OMCH													
	RSCGroup																
	ATMPort			Network													
SAALNo	VPI	VCI	ServiceType	PCR	SCR	CCTM	POLL	IDLE	NRTM	KATM	MaxCC	MaxPD	MaxLE	JoinRscgrp	RscgrpNo		
30	6	32	CBR	512		1000	750	15000	15000	2000	4	25	67	DISABLE			

图 2.13.18　SAAL 配置界面

（2）根据规划的数据增加 SAAL 链路和配置相关参数。

4．增加 NBAP

配置由 SAAL 链路承载的 NCP(NodeB 控制端口)和 CCP(通信控制端口)。

（1）在"NodeB ATM Transport Layer"窗口中，单击"NBAP"按钮，在配置界面下方出现 NBAP 的配置界面。

（2）在下方的 SAAL 链路列表中选择一条 SAAL 链路，在 NBAP 的配置区域中选中"PortType"，单击"＋"按钮，根据准备数据配置相关参数，单击"√"按钮，增加 NCP。

（3）在下方的 SAAL 链路列表中选择一条 SAAL 链路，在 NBAP 的配置区域中选中"PortType"，单击"＋"按钮，根据准备数据配置相关参数，单击"√"按钮，增加 CCP。

5．增加 ALCAP

配置 NodeB 侧 AAL2 节点。ALCAP 用于控制 AAL2 PATH 中微通道的分配。

（1）在"NodeB ATM Transport Layer"窗口中，单击"ALCAP"按钮，在配置界面下方出现 ALCAP 的配置界面，如图 2.13.19 所示。

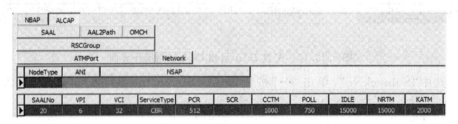

图 2.13.19　ALCAP 配置界面

（2）在图 2.13.19 下方的 SAAL 链路列表中选择一条 SAAL 链路，再选中"Node-Type"，单击"＋"按钮。

（3）在下拉框中选择 AAL2 节点类型，根据准备数据设置其他参数，单击"√"按钮，增加一个 AAL2 节点。

6. 增加 AAL2 PATH 数据

ATM 传输时，AAL2 PATH 是 RNC 和其他设备之间承载用户面数据的通道。

（1）在"NodeB ATM Transport Layer"窗口中，单击"AAL2PATH"按钮，在配置界面下方出现 AAL2PATH 的配置界面，如图 2.13.20 所示。

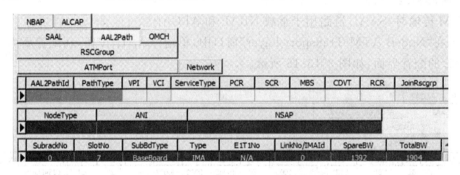

图 2.13.20　AAL2PAth 配置界面

（2）在图 2.13.20 的配置界面中选中一个 AAL2 节点，再选中"AAL2PATH"按钮，单击"＋"按钮，根据准备数据设置其他参数，单击"√"按钮，增加一条 AAL2 PATH。

（3）重复（2）可增加多条 AAL2PATH。

7. 增加 NodeB 远端维护通道

（1）在"NodeB ATM Transport Layer"窗口中，单击"OMCH"按钮，在配置界面下方出现 OMCH 的配置界面，如图 2.13.21 所示。

（2）选中"LocalIP"，单击"…"按钮，弹出"IP and Mask"对话框。配置本端 IP 地址和掩码，单击"OK"按钮，返回"NodeB ATM Transport Layer"窗口。

（3）选中"DestIP"，单击"…"按钮，弹出"IP and IP Mask"对话框。配置远程维护通道对端 IP 地址和掩码，单击"OK"按钮，返回"NodeB ATM Transport Layer"窗口。

（4）根据准备配置其他参数，单击"√"按钮，增加一条 OMCH。

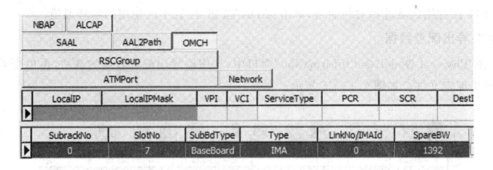

图 2.13.21　OMCH 配置界面

步骤 6：配置本地小区

1. 增加站点

（1）在"Physical NodeBasic Information"窗口中，选中一个物理 NodeB，单击，进入"NodeB Radio Layer"窗口，如图 2.13.22 所示。

（2）根据准备数据配置"SiteId"和"site Name"。"SiteId"在同一个基站下是唯一的。

2. 增加扇区和小区

（1）在"Node Radio Layer"配置窗口中，选中"SectorNo"，根据准备数据配置相关参数，单击"√"按钮，增加一个本地扇区。

（2）右侧的天线通道区域中显示的是本地扇区可使用的天线通道。选择天线通道，单击"ADD"按钮，配置本地扇区使用的天线通道，如图 2.13.23 所示。

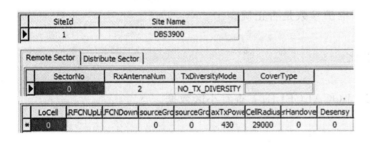

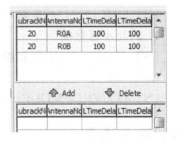

图 2.13.22　NodeB Radio Layer 配置界面　　　图 2.13.23　本地扇区天线通道配置界面

（3）在本地小区配置区域，根据准备数据的参数，配置本地小区参数，增加一个小区，如图 2.13.24 所示。

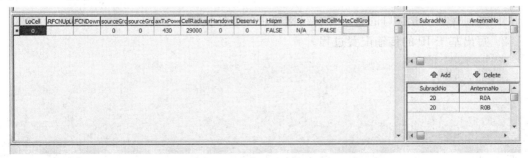

图 2.13.24　本地小区配置界面

（4）在右侧区域选择射频通道，单击"ADD"按钮，配置小区使用的射频通道。

步骤7：导出配置数据

在"Physical NodeBasic Information"窗口中，选中需导出配置数据的基站，再单击 按钮，导出配置文件。如图2.13.25所示。

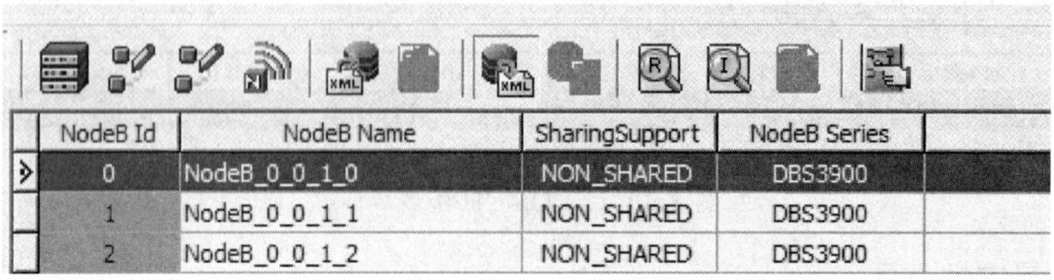

NodeB Id	NodeB Name	SharingSupport	NodeB Series
0	NodeB_0_0_1_0	NON_SHARED	DBS3900
1	NodeB_0_0_1_1	NON_SHARED	DBS3900
2	NodeB_0_0_1_2	NON_SHARED	DBS3900

图2.13.25　导出基站配置数据操作界面

通过LMT的文件管理中的上传数据配置文件命令：ULD CFGFILE，将文件上传到DBS3900的WMPT板的FTP server。重启基站后，配置文件生效。

步骤8：结果验证及基站维护

使用用户名admin，密码NodeB，（注意大小写）选择局向NodeB，登录LMT后，在左侧维护菜单栏，采用上传数据方式将"NodeBcfg.xml"上传至基站重启即可。

1. 通过命令查看配置

LST IubCP：；　　对比软件配置中的NCP/CCP配置是否正确

LST AAL2PATH：；　　对比软件配置中的AAL2PATH是否正确

LST OMCH：；　　查询OMC维护参数是否正确。

2. 对比小区数据

LST SITE：；　　小区数据对比

LST SEC：；

LST LOCELL：MODE＝ALLLOCALCELL；　　查看小区数据。

五、任务成果

生成一个基站配置文件NodeBcfg.XML。

六、拓展提高

1. 如何保证Iub接口的速率符合组网要求？怎样实现？
2. 写出基于IP的传输配置过程。

任务 14　配置 WCDMA RNC 基本数据

一、任务介绍

某 WCDMA 交换机房内，RNC 硬件、线缆安装、软件安装及调测已完成，请作为工作人员的你，根据机房硬件设备、网络规划以及与其他设备协商等方面，来准备和配置数据，编辑出一份 MML 命令脚本（TXT 格式）。

RNC 初始配置得到的 MML 命令脚本中包含的数据必须完整、一致、有效，在随后的执行过程中可以生成数据文件并加载到 RNC 前台，从而使系统工作正常。

本地维护终端（LMT）中的 MML 客户端是一种 RNC 初始配置工具，是通过增加、删除、修改 MML 命令的操作获得初始配置脚本的文字编辑器。

MML 配置可用于开局初期，参考协商数据和模板脚本制作本局需要使用的脚本文件，采用批执行方式加载 HUAWEI BSC6810 数据；批量修改数据、网规网优、技术支持工程师需要大量修改现网 BSC6810 配置数据时，采用批执行 MML 脚本方式修改 BSC6810 配置数据；修改少量数据，在排除故障中需要修改较少数据或验证检查结果时可以通过执行单条 MML 命令完成。

二、任务用具

BSC6810 一台，LMT，电脑多台，交换机（根据端口数确定台数），电脑及 BSC6810 通过交换机互联。

三、任务用时

建议 2 课时。

四、任务步骤

步骤 1：离线登录 LMT

启动 LMT 软件，在下面的窗口时单击"离线"，如图 2.14.1 所示。

图 2.14.1　LMT 登录界面

图 2.14.2　RNC 版本选择

在登录界面输入用户名及密码后,选择网元"RNC",确定,如图 2.13.2 所示,进入 LMT 操作维护界面,如图 2.14.3 所示。

在脱机配置模式下,在脱机状态下,按如图 2.13.3 所示保存按钮和快捷键<F9>的功能是保存输入的 MML 命令。默认保存输入命令的路径为:LMT 安装目录\client\output\BSC6810\对应版本号\batch\。

步骤 2:熟悉 MML 命令

常用 MML 命令如下。

ADD:增加一个目标;SET:设置一个目标;LST:查询 BAM 数据库配置信息;DSP:查询 FAM 中目标的运行状态或 BAM 中的运行状态;MOD:修改一个目标;RMV:删除一个目标;ACT:激活一个目标;DEA:去激活一个目标;RST:重启一个目标。

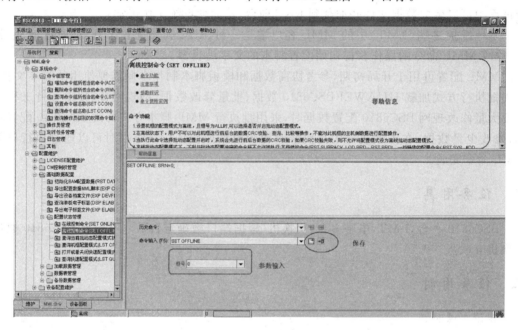

图 2.14.3　LMT 操作维护界面

步骤 3:准备协商数据

1. RNC 全局协商数据

表 2.14.1　CN 全局协商数据

核心网运营商名称	是否为主运营商	MCC	MNC
cacc	yes	460	10

表 2.14.2　RNC 全局协商数据

RNC 名称	RNC 标识	是否支持 RAN sharing	支持运营商个数	是否支持跨运营商切换
RNC-1	1	No		

表 2.14.3　RNC 源信令点信息（ATM 传输）

网络标识	RNC 源信令点编码位数	RNC 的源信令点编码	RNC ATM 地址
NATB	BIT14	H'D12	H'4586139007551000000000000000000000000000

2. 设备协商数据

请观察机房内 BSC6810 机框内单板配置，本次任务需要的单板配置如表 2.11.5 所示。

表 2.14.4　单板配置信息

14	15	16	17	18	19	20	21	22	23	24	25	26	27
		AEUa		UOIa									
SPUa						SCUa		DPUb				GCUa	
00	01	02	03	04	05	06	07	08	09	10	11	12	13

步骤 4：制作脚本

//RNC 全局配置流程：增加 RNC 基本信息—增加 RNC 源信令点数据—增加 RNC 全局信息。

REQ CMCTRL：；

//用户请求配置管理控制权，成功后该用户才可以进行数据配置。

SET OFFLINE：SRN = ALL；

//离线配置命令，指示本命令仅仅在复位主机后生效

RST DATA：；

//初始化数据库命令，该命令将会对 OMU 的数据库进行清除原有配置而恢复一份系统默认数据。

RMV BRD：SRN = 0，SN = 8；

RMV BRD：SRN = 0，SN = 9；

RMV BRD：SRN = 0，SN = 10；

RMV BRD：SRN = 0，SN = 11；

RMV BRD：SRN = 0，SN = 14；

RMV BRD：SRN = 0，SN = 16；

RMV BRD：SRN = 0，SN = 18；

RMV BRD：SRN = 0，SN = 24；

RMV BRD：SRN = 0，SN = 26；

//单板调整命令，上述命令的目的是因为使用 RST DATA 命令之后，数据库将初始机框单板满配，不符合现场实际板位，所以需要删除部分单板。

ADD BRD：SRN = 0，SN = 8，BRDTYPE = DPU；

ADD BRD：SRN = 0，BRDTYPE = AEU，SN = 16，RED = YES；

ADD BRD：SRN = 0，BRDTYPE = UOI_ATM，SN = 18，RED = YES；

//注意：BRDTYPE = UOI_ATM，一定要选择为 ATM 方式。实训室的接口需要使用 ATM 光口。

　　//单板调整命令,上述命令的目的是因为在之前删除部分单板之后,需要按照实际配置新增单板。3块接口单板配置需要选择备份与否的时候,一定要选择为备份,否则后续接口数据配置会提示有问题。

　　MOD SUBRACK：SRN = 0, MPUSN = 0;

　　//修改机框名称(为可选操作)

　　ADD RNCBASIC：RncId = 1, SharingSupport = NO, InterPlmnHoAllowed = NO;

　　//增加 RNC 基本配置：

　　//RNC ID：范围是 0～4 095。该参数用于在同一个运营商网络中唯一标识。依据运营商要求整网内规划。

　　//RNC sharing:是一个新的特性。这个特性能使 RNC 和 NodeB 同时由多个运营商共享使用节省成本。如果该参数选为 YES,RNC 需要配置多个 PLMN,每一个运营商可以在专用的小区中广播自己的 PLMN 码。

　　//Max Cn Operator Num：参数范围 2～4 意味着最大只能配置 4 个运营商共享。

　　//Inter plmn Ho Allowed：如果这个参数设为 YES, UE 可以在不同运营商之间完成切换。运营商之间的切换通常是不被允许的,但并不是所有运营商都是这种规则,具体要根据运营商需求设置。

　　ADD OPC：NI = NATB, SPCBITS = BIT14, SPC = H′00D12, RSTFUN = OFF, NSAP = ″H′45861390075510000000000000000000000000000″, NAME = ″RNC1″;

　　//增加 RNC 源信令点:定义了信令点属性为国内备用,14 位,信令点编码以及 ATM 编码等。

　　ADD EMSIP：EMSIP = ″129.9.0.100″, MASK = ″255.255.255.0″, BAMIP = ″129.9.0.1″, BAMMASK = ″255.255.255.0″;

　　//增加网管维护地址:(工程或者维护上,是作为集中网管的地址路由使用,实训室中意义不大,主要就是定义 BAM 的 IP 地址)

　　ADD CNOPERATOR：CnOpIndex = 0, CnOperatorName = ″cacc″, PrimaryOperatorFlag = YES, MCC = ″460″, MNC = ″10″;

　　//配置 RNC 基本信息:主要参数是定义移动国家编码和移动网号,需要和 CS 域一致,不能错误,否则手机不能位置更新。

　　SET SYS:SYSDESC = ″CCAC-RNC1″, SYSOBJECTID = ″1″, SYSCONTACT = ″800 8302118″, SYSLOCATION = ″GZ″, SYSSERVICES = ″RNC″;

　　//设置 RNC 系统信息:RNC 系统描述信息数据只存放在 BAM 数据库内,并不发送到 RNC 主机。本命令中的每个参数需要根据客户的要求填写。

　　SET CLK：SRT = RSS, SN = 18, BT = UOI_ATM, REF2MCLKSRC = 0, BACK8KCLKSW1 = ON, BACK8KCLKSW2 = ON;

　　ADD CLKSRC：SRCGRD = 1, SRCT = LINE1_8KHZ;

　　ADD CLKSRC：SRCGRD = 2, SRCT = LINE2_8KHZ;

　　SET CLKMODE：CLKWMODE = AUTO;

　　SET CLKTYPE：CLKTYPE = GCU;

　　SET TZ：ZONET = GMT + 0800, DST = NO;

//上述命令为设置系统时钟参数,时钟源以及时钟工作模式、时区参数等,在现网配置中很重要,作为数字通信系统最为重要的时钟同步,要求时钟必须准确可靠。实训网中由于没有外置 BITS 或者 GPS 时钟,所以对上述要求不严谨。

//Set CLKMODE 参数解释

//Manual:用户指定时钟源,并且不允许时钟自动向其他时钟源切换。

//Auto:不需要用户指定时钟源,系统自动选择最高优先级的时钟源。手工设置的时钟源不可用,则无法切换成功,依然保持原工作时钟源。

//RNC 时间设置包括:RNC 所处的时区、是否有夏令时和夏令时信息。

//如果 RNC 通过连接 SNTP 服务器从核心网域获取时间信息,则必须设置 SNTP 客户端信息。从 RNC 外网看来:M2000 是 RNC 的 SNTP 服务器。RNC 是 M2000 的 SNTP 客户端。从 RNC 内网看来:RNC 是 NodeB 的 SNTP 服务器。NodeB 是 RNC 的 SNTP 客户端。

ADD LAC:CnOpIndex = 0, LAC = 1, PlmnValTagMin = 1, PlmnValTagMax = 64;

//增加语音接入位置区:

//LAI (location area identity)位置区识别 = MCC + MNC + LAC

//LAC:MS 在本地位置区内可以自由移动,不需要进行位置更新。LAC 为一个 2 字节十六进制编码(范围为 0000~FFFF),全部为 0 的编码不用。本例中该参数取值 8005。

PLMN 值范围在位置区和路由区不能重叠。

ADD RAC:CnOpIndex = 0, LAC = 1, RAC = 1, PlmnValTagMin = 65, PlmnValTagMax = 128;

//增加数据接入位置区:

//RAI (Route area identity) 路由区识别 = MCC + MNC + LAC + RAC

//RAC 是一个固定长度为 1 字节的标识,用于标识一个位置区内的一个路由区,

//RAC 在该位置区中应是唯一的, 本例中该值取为 80。

ADD SAC:CnOpIndex = 0, LAC = 1, SAC = 1;

//增加服务小区:SAI (Service area identity) 服务区识别 = MCC + MNC + LAC + SAC

ADD URA:URAId = 0, CnOpIndex = 0;

//增加 URA 区:

FMT DATA:FT = ALL_SUBRACK, WORKAREA = ACTIVE;

SET LODCTRL:LODCTRL = LFB;

SET ONLINE:SRN = ALL;

RST SUBRACK:SRN = 0;

//上述 4 条命令的使用,是因为全局及设备配置命令只能在离线模式下配置,所以必须要格式化数据,然后复位机框,数据才能生效。

步骤 5:验证结果

1. 结果验证说明

用户名:admin,密码:BSC6810,(注意大小写)不能同时登陆 LMT 方式进行验证,因为同一时间只能一个用户进行登录。

2. 验证方式

(1) 硬件配置检查,只需要在设备硬件配置界面和图 2.14.4 一致即可。

(2) 检查本局信息及信令配置是否正确:LST OPC:; LST RNCBASIC:;

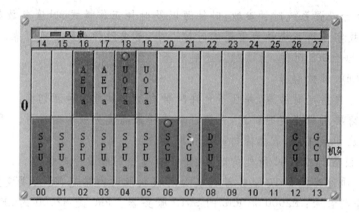

图 2.14.4　BSC6810 硬件拓扑图

（3）检查运营商标识是否正确：LST CNOPERATOR：；

（4）检查 RNC UTRAN 注册区配置：LST URA：；

（5）检查 BAM 的 IP 地址配置是否正确：LST EMSIP：；

（6）检查时钟、时区等配置：LST CLKSRC：；LST TZ：；

五、任务成果

数据配置脚本一份。

六、拓展提高

1. 国际国内信令点的编码方式是什么？

2. BSC6810 中的几种接口单板如何和其他网元连接？

任务 15　配置 WCDMA HLR 基本数据

一、任务介绍

某核心网机房内,HLR9820 硬件、线缆安装、软件安装及调测已完成,请作为工作人员的你,根据 HLR9820 硬件设备、网络规划以及与其他设备协商等方面,来准备和配置数据,编辑出一份 MML 命令脚本(TXT 格式)。

二、任务用具

华为 WCDMA HLR9820,LMT 终端若干台。

三、任务用时

建议 2 课时。

四、任务实施

数据配置流程如图 2.15.1 所示。

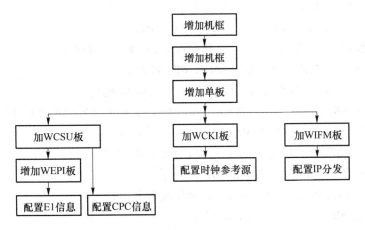

图 2.15.1　数据配置流程图

步骤 1:登录离线 LMT

1. 双击桌面华为"本地维护终端"图标,准备进入命令行系统。

2. 在弹出的窗口中,在局向中,选择 LOCAL:127.0.0.1,在密码处输入 HLR9820,然后单击"登录"。

3. 进入命令行系统,这时候,联入的是本地电脑的数据库系统。

步骤 2:编写离线脚本

1. 在 MML 窗口的"命令输入"处,根据学习情境 2 任务 3 中绘制的 HLR 机框图,对照参考脚本,修改插槽上的单板以及相关配置数据。执行下面命令行准备中的数据,红色字体部分必须要输入。必要参数输入完成后,按 F9,执行成功后将 TXT 文档保存至桌面。

2. 示例脚本如下:

LOF:;

//脱机

SET FMT:STS = OFF:;

//关闭格式转换开关

ADD SHF:SHN = 0, LT = "HLR9820-1", PN = 0, RN = 0, CN = 0;

//增加机架:机架号为 0。在此命令中,"PDB 位置"参数设为 2,表示该机架的 PDB(配电盒)由基本框控制。本命令执行后,系统自动加上去的板有 WSMU WALU 和 PSM。

ADD FRM:FN = 0, SHN = 0, PN = 3;

//增加机框:基本框框号为 0,在机架中的位置号为 2;对于综合配置机柜中的基本框而言,其框号固定为 0.

SET BRDTYPE:BT = C;

//设置本局 SAU 单板硬件类型为 750C。如果本局已经配置了 WCSU 板,则不能设置本局 SAU 单板硬件类型为 750C;如果本局已经配置了 WESU 板,则不能设置本局 SAU 单板硬件类型为 750B。

ADD BRD:FN = 0, SLN = 0, LOC = FRONT, BT = WESU, MN = 22, ASS = 255;

//增加单板,机框号 0,槽位号 0,位置前插板,单板类型 WCSU,模块号 22,互助板号 255(表示无互助),LNKT = LINK_64K,表示链路类型为 64 K 速率。

ADD BRD:FN = 0, SLN = 0, LOC = BACK, BT = WEPI;

//增加单板,机框号 0,槽位号 0,位置后插板,单板类型 WEPI;

ADD BRD:FN = 0, SLN = 13, LOC = BACK, BT = WCKI;

//增加单板,机框号 0,槽位号 13,后插板,单板类型 WCKI;

ADD EPICFG:FN = 0, SLN = 0, LM = E1, E0 = DF, E1 = DF, E2 = DF, E3 = DF, E4 = DF, E5 = DF, E6 = DF, E7 = DF, BM = NONBALANCED;

//增加 EPICFG 配置,EPI 板有 8 个端口,均配置成 DF 模式。

SET CKICFG:CL = LEVEL3, CM = AUTO;

//设置时钟 CKICFG,选择 3 级时钟,时钟模式为自动;

SET CLKSRC:FN = 0, SN1 = 13, SN2 = 15;

//设置框内 H.110 总线时钟源,即设置机框内时钟参考源由哪块单板提供。槽位 1 为 13 槽,槽位 2 为 15 槽;

ADD BOSRC:FN = 0, SLN = 0, EN = 0;

//增加单板时钟参考源:机框号 0,槽位号 0,E1 端口号 0。

ADD MEMCFG:MN = 22, HMN = 216, LIP1 = "172.16.200.22", LIP2 = "172.17.200.22", MSK = "255.255.0.0";

//配置 MEMCFG,模块号 22,HDU 模块号 216,本地地址 = 172.16.200.22,即 WCSU 的地址,远端地址 = 172.17.200.22

SET FMT:STS = ON:;

//打开格式转换开关

FMT:;

//格式化数据

LON:;

//联机

步骤3:批处理脚本

1．双击桌面华为"本地维护终端"图标,准备进入命令行系统。

2．在弹出的窗口中,在局向中,选择 server:129.9.0.6,用户名输入 admin,在密码处输入 sysadmin,然后单击"登录"。如图 2.15.2 所示。

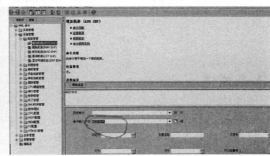

图 2.15.2　登录界面

3．系统登录后,进入联机模式。

4．在窗口模式下,从系统菜单中,选择批处理命令,出现如图 2.15.3 所示的窗口。

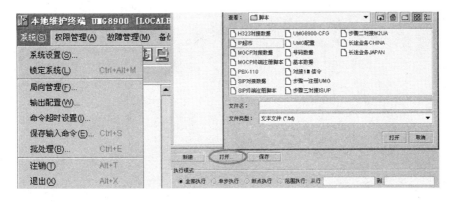

图 2.15.3　批处理

5．单击"打开"按钮。

6．找到存放命令脚本的目录及文件名,然后"确定"。

7．完成命令输入后,按 F9 执行。执行完成后,回到 MML 命令界面,使用 RST MDU:MN＝2,LEVEL＝LVL3;复位 HLR9820,等 3 分钟后,设备正常。

步骤4:查询执行结果

打开维护界面,查询设备单板状态如图 2.15.4 所示即为正常。

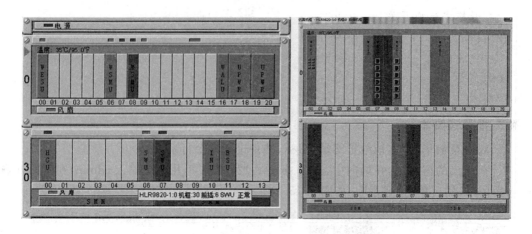

图 2.15.4　前面板(左)、后面板(右)

五、任务成果

1. 数据配置脚本文件一个。
2. 设备单板前后面板状态截图各一幅。

六、拓展提高

1. 联机设定与脱机设定有什么区别?
2. 机架、机框、单板的编号原则是什么?

任务 16　配置 WCDMA MGW 基本数据

一、任务介绍

　　某核心网机房内,UMG8900 硬件、线缆安装、软件安装及调测已完成,请作为工作人员的你,根据 UMG8900 硬件设备、网络规划以及与其他设备协商等方面,来准备和配置数据,编辑出一份 MML 命令脚本(TXT 格式)。

二、任务用具

　　华为 UMG8900 一台,操作终端若干。

三、任务用时

　　建议 2 课时。

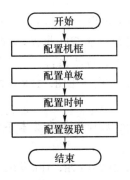

图 2.16.1　硬件数据配置流程

四、任务实施

步骤 1:离线登录 LMT

　　启动 LMT 软件,选择局向:UMG8900:129.9.0.4,用户类型:本地用户,在用户登录窗口时单击"离线",选择进入的离线工作软件类型;确定后进入 LMT 操作维护界面。在脱机配置模式下,在脱机状态下,快捷键<F9>的功能是保存输入的 MML 命令。

图 2.16.2　离线登录软件版本选择

步骤 2：制作离线脚本

ADD BRD：FN = 1，SN = 0，BP = FRONT，BT = SPF，HBT = SPF，BS = LOADSHARE，BN = 0；

//增加单板,机框号 1,槽位号 0,前面板,单板 SPF,状态激活,单板硬件 SPF

ADD BRD：FN = 1，SN = 1，BP = FRONT，BT = VPU，HBT = VPD，BS = LOADSHARE，BN = 0；

//增加单板,机框号 1,槽位号 6,前面板,单板 VPU,状态激活,单板硬件 VPD

ADD BRD：FN = 1，SN = 14，BP = FRONT，BT = ASU，HBT = ASU，BS = ONEBACKUP，BN = 0；

//增加单板,机框号 1,槽位号 14,前面板,单板 ASU,状态激活,单板硬件 ASU

ADD BRD：FN = 1，SN = 0，BP = BACK，BT = CLK，HBT = CLK，BS = ONEBACKUP，BN = 0；

//增加单板,机框号 1,槽位号 0,后面板,单板 CLK,状态激活,单板硬件 CLK

ADD BRD：FN = 1，SN = 2，BP = BACK，BT = E32，HBT = E32，BS = LOADSHARE，BN = 0；

//增加单板,机框号 1,槽位号 2,后面板,单板 E32,状态激活,单板硬件 E32

ADD BRD：FN = 1，SN = 14，BP = BACK，BT = A4L，HBT = A4L，BS = NULLBACKUP，BN = 0；

//增加单板,机框号 1,槽位号 14,后面板,单板 A4L,状态激活,单板硬件 A4L

ADD OMUSUBRD：FN = 1，SN = 7，SUBBN = SBRD0，BT = CMU，BS = ONEBACKUP，BN = 30；

//在 1 框 7 槽的扣板 0 位置增加一块 CMU 扣板,同时在 1 框 8 槽的扣板 0 位置也增加了一块 CMU 扣板,这两个扣板是 1 + 1 备份状态；

ADD OMUSUBRD：FN = 1，SN = 7，SUBBN = SBRD1，BT = CMU，BS = ONEBACKUP，BN = 31；

//在 1 框 7 槽的扣板 1 位置增加一块 CMU 扣板,同时在 1 框 8 槽的扣板 1 位置也增加了一块 CMU 扣板,这两个扣板是 1 + 1 备份状态；

ADD IPADDR：BT = OMU，BN = 0，IFT = ETH，IFN = 0，IPADDR = "129.9.0.4"，MASK = "255.255.255.0"；

//增加设备维护地址地址:单板 OMU,请勿改动本条命令,否则将会导致目前设定无法连接设备。

ADD IPADDR：BT = OMU，BN = 0，IFT = ETH，IFN = 0，IPADDR = "10.10.10.11"，MASK = "255.255.0.0"，FLAG = SLAVE；

//增加从地址

ADD IPADDR：BT = OMU，BN = 0，IFT = ETH，IFN = 0，IPADDR = "10.10.10.12"，MASK = "255.255.0.0"，FLAG = SLAVE；

//增加从地址

SET FTPSRV：SRVSTAT = ON，TIMEOUT = 30；

//设置 FTP 服务器状态

ADD FTPUSR：USRNAME = "bam"，PWD = "bam"，CFM = "bam"，HOMEDIR = "c:/bam"，RIGHT = FULL，ENCR = YES；

//增加 FTP 用户。用户名和密码为 bam,路径为 = "c:/bam"；

步骤 3：批处理脚本并验证结果

1. 结果验证说明

用户名:admin,密码:9061mgw。不能同时登录 LMT 方式进行验证,因为同一时间只能一个用户进行登录。

2. 验证方式:

硬件配置检查,只需要在设备硬件配置界面和图 2.16.3 一致即可。

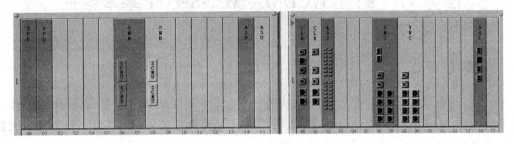

图 2.16.3 UMG8900 前面板(左)、后面板(右)

五、任务成果

UMG8900 脚本一个,硬件仿真面板图截图。

六、拓展提高

1. 联机命令执行后,数据存放结果在哪里?
2. 如何查看数据配置结果?

任务 17   配置 WCDMA Msc-Server 基本数据

一、任务介绍

某核心网机房内,Msoftx3000 硬件、线缆安装、软件安装及调测已完成,请作为工作人员的你,根据 Msoftx3000 硬件设备、网络规划以及与其他设备协商等方面,来准备和配置数据,编辑出一份 MML 命令脚本(TXT 格式)。

二、任务用具

华为 WCDMA Msoftx3000 一台,学生终端若干。

三、任务用时

建议 2 课时。

四、任务实施

步骤 1:登录离线 LMT

1. 双击桌面华为"本地维护终端"图标,准备进入命令行系统。
2. 在弹出的窗口中,单击"离线"。选择 Msoftx3000 的版本,单击"确定"。
3. 进入命令行系统,这时候联入的是本地电脑的数据库系统。

步骤 2:编写离线脚本

1. 在 MML 窗口的"命令输入"处,根据学习情境 1 任务 8 中绘制的 HLR 机框图,对照参考脚本,修改插槽上的单板以及相关配置数据。执行下面命令行准备中的数据,红色字体部分必须要输入。必要参数输入完成后,按 F9,执行成功后将 TXT 文档保存至桌面。

2. 示例脚本如下:

LOF:;//脱机

SET FMT:STS = OFF:;//关闭格式转换开关

ADD SHF:SHN = 0, LT = "csust", ZN = 0, RN = 0, CN = 0;

//增加机架:机架号为 0。在此命令中,"PDB 位置"参数设为 2,表示该机架的 PDB(配电盒)由基本框控制。本命令执行后,系统自动加上去的板有 WSMU WALU 和 PSM.

ADD FRM:FN = 0, SHN = 0, PN = 3; //增加机框:基本框框号为 0,在机架中的位置号为 2;对于综合配置机柜中的基本框而言,其框号固定为 0.

ADD BRD:FN = 0, SLN = 0, LOC = FRONT, FRBT = WCSU, MN = 22, ASS = 255;

//增加单板,机框号 0,槽位 0,前插板,单板类型 WCSU,模块号 22,互助板 255.

ADD BRD:FN = 0, SLN = 2, LOC = FRONT, FRBT = WCCU, MN = 23, ASS = 255;

//增加单板,机框号 0,槽位 2,前插板,单板类型 WCCU,模块号 23,互助板 255.

ADD BRD：FN = 0，SLN = 4，LOC = FRONT，FRBT = WVDB，MN = 103，ASS = 255；

//增加单板,机框号 0,槽位 4,前插板,单板类型 WVDB,模块号 103,互助板 255。

ADD BRD：FN = 0，SLN = 10，LOC = FRONT，FRBT = WIFM，MN = 132，ASS = 255；//增加单板,机框号 0,槽位 10,前插板,单板类型 WIFM,模块号 132,互助板 255.

ADD BRD：FN = 0，SLN = 11，LOC = FRONT，FRBT = WBSG，MN = 133；

//增加单板,机框号 0,槽位 11,前插板,单板类型 WBSG,模块号 133,互助板 255.

ADD BRD：FN = 0，SLN = 12，LOC = FRONT，FRBT = WCDB，MN = 102，ASS = 255；

//增加单板,机框号 0,槽位 12,前插板,单板类型 WCDB,模块号 102,互助板 255.

ADD BRD：FN = 0，SLN = 14，LOC = FRONT，FRBT = WMGC，MN = 134，ASS = 255；

//增加单板,机框号 0,槽位 14,前插板,单板类型 WMGC,模块号 134,互助板 255.

ADD BRD：FN = 0，SLN = 13，LOC = BACK，BKBT = WCKI；

//增加单板,机框号 0,槽位 13,后插板,单板类型 WCKI.

ADD BRD：FN = 0，SLN = 0，LOC = BACK，BKBT = WEPI；

增加单板,机框号 0,槽位 0,后插板,单板类型 WEPI.

RMV BRD：FN = 0，SLN = 17，LOC = BACK；

RMV BRD：FN = 0，SLN = 19，LOC = BACK；

//删除后插板 17.19 槽位无单板配置;

ADD EPICFG：FN = 0，SN = 0，E0 = DF，E1 = DF，E2 = DF，E3 = DF，E4 = DF，E5 = DF，E6 = DF，E7 = DF，BM = NONBALANCED；

//增加 EPI 配置,机框号 0,槽位号 2,全部端口类型 DF.

SET CLKMODE：CL = LEVEL3，WM = AUTO；

//设置时钟

ADD FECFG：MN = 132，IP = "10.10.10.10"，MSK = "255.255.255.0"，DGW = "10.10.10.1"；

//增加 FE 端口配置,WIFM 模块号为 132,IP 地址为"10.10.10.10",子网掩码为"255.255.255.0",默认网关为"10.10.10.1":

ADD CDBFUNC：CDBMN = 102，FUNC = TKAGT-1&VDB-1&CGAP-1&JUDGE-1&VEIR-1&AFLEX-1&ECTCF-1&TK-1；

//增加 CDB 功能配置,增加所有功能,WCDB 模块号为 102:

SET FMT：STS = ON：；

//打开格式转换开关

FMT：；//格式化全部数据

LON：；联机

步骤 3:批处理脚本

1. 双击桌面华为"本地维护终端"图标,准备进入命令行系统。

2. 在弹出的窗口中,在局向中,选择 Msoftx3000:129.9.0.3,在密码处输入 11111111,用户类型选择"本地用户",然后单击"登录"。

3. 在窗口模式下,从系统菜单中,选择批处理命令(或者按 CTRL＋E)。单击"打开"按钮,然后找到存放命令脚本的目录及文件名,然后"确定",按 F9 执行。

4. 到 MML 命令输入界面下，使用 RST MDU：MN＝2，LEVEL＝LVL3；复位。等 3 分钟后，设备正常。

步骤 4:查询执行结果

打开维护界面,查询设备单板状态如图 2.17.1 所示即为正常：

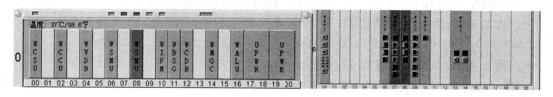

图 2.17.1　前面板、后面板

五、任务成果

Msoftx3000 基本数据脚本一个,硬件仿真面板图截图。

六、拓展提高

1. 哪些单板具有模块号？相同模块的单板可以在不同框中吗？
2. Msoftx3000 硬件配置的基本步骤是什么？

任务 18　配置华为 LTE eNodeB 设备

一、任务介绍

LTE 采用全 IP 扁平化的网络架构;无线接入网 E-UTRAN 用 eNodeB 替代原有的无线网络控制器 RNC＋NodeB 结构,各网络节点之间的接口使用 IP 传输,通过 IMS 承载综合业务,原 UTRAN 的电路交换域(CS)业务均可由 LTE 网络的分组交换域(PS)承载。LTE 网络结构如图 2.18.1 所示。

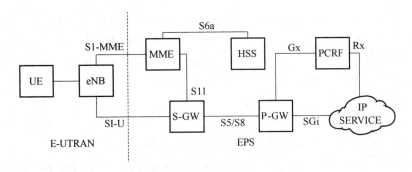

图 2.18.1　LTE 网络结构

某学院实验室有华为 LTE 仿真软件 LTEStar 若干套,请使用该软件按照任务要求完成 TD-LTE eNodeB 数据配置、业务验证和故障处理。

二、任务用具

LTEStar 若干,硬件狗若干,操作终端若干。

三、任务用时

建议 8 课时。

四、任务步骤

步骤 1:认识 DBS3900

DBS3900 基站系统由 BBU3900、RRU 和站点配套设备组成。如表 2.18.1 所示。

表 2.18.1　BBU 及 RRU 功能说明

功能模块	说明
BBU3900	BBU3900 是基带处理单元,完成上下行基带信号处理和 eNodeB 与 MME/S-GW、RRU 的接口功能
RRU	RRU 室外射频远端处理模块,负责传送和处理 DBS3900 和天馈系统之间的射频信号

TD-LTE BBU3900 典型配置如图 2.18.2 所示。

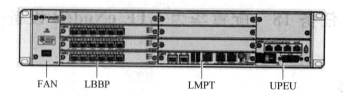

FAN　　LBBP　　　　　　LMPT　　　　UPEU

图 2.18.2　TD-LTE BBU3900 典型配置

TD-LTE BBU3900 单板及接口说明如表 2.18.2 和表 2.18.3 所示。

表 2.18.2　TD-LTE BBU3900 单板说明

名称	单板说明
UMPT	为 BBU3900 的主控传输板,为其他单板提供信令处理和资源管理等功能。单 UMPT 支持的业务吞吐量:UL+DL:1.5 Gbit/s,下行 900 Mbit/s,上行 600 Mbit/s。调测口由 RJ45 变为 USB 接头
LMPT	主控传输板,管理整个 eNodeB,完成操作维护管理和信令处理,并为整个 BBU3900 提供时钟。单 LMPT 支持下行 450 Mbit/s,上行 300 Mbit/s 业务吞吐量
LBBP	基带处理板,主要实现基带信号处理、CPRI 信号处理等功能。单 LBBPc 板支持的上下行业务吞吐量小于 300 Mbit/s/100 Mbit/s。单 LBBPd1.d4 板支持的上下行业务吞吐量小于 450 Mbit/s/225 Mbit/s。单 LBBPd2 板支持的上下行业务吞吐量小于 600 Mbit/s/225 Mbit/s
FANc	风扇单元 FAN(Fan Unit),用于风扇的转速控制及风扇板的温度检测,为 BBU 提供散热功能
UPEUc	电源环境接口单元 UPEU(Universal Power and Environment Interface Unit),用于将−48 V DC 输入电源转换为+12 V DC,并提供 2 路 RS485 信号接口和 8 路开关量信号接口

表 2.18.3　TD-LTE BBU3900 单板接口说明

单板	接口	数量	连接器类型	用途
LMPT	FE/GE 光口	2	SFP	S1、X2 业务接口
	FE/GE 电口	2	RJ45	S1、X2 业务接口
	USB 接口	1	USB	软件加载
	TST 接口	1	USB	测试接口
	调试串网口	1	RJ45	LMT 维护
	GPS 天线接口	1	SMA	连接 GPS 天线
LBBP	CPRI 接口	6	SFP	BBU3900 与 RRU 间的接口
UPEU	电源接口	1	3V3	−48 V DC 电源输入
	MON0	1	RJ45	提供 2 路 RS485 监控功能,连接外部监控设备
	MON1	1	RJ45	
	E×T-ALM0	1	RJ45	提供 8 路干结点告警接入,连接外部告警设备
	E×T-ALM1	1	RJ45	

步骤 2:登录 LTEStar 及硬件搭建

1. 插入硬件狗,双击图标"LS",运行 LTEStar。进入如图 2.18.3 所示的界面。选择本地模式。

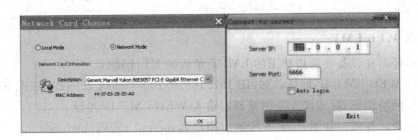

图 2.18.3　启动 LTEStar 界面

2. 输入 Server IP：127.0.0.1。Server Port：6666。进入 LTEStar 硬件搭建界面。

3. 创建工程：如图 2.18.4 所示，创建新工程。

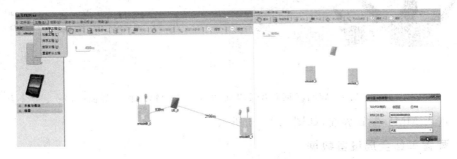

图 2.18.4　创建工程界面（左）、放置硬件界面（右）

4. 硬件搭建：在如图 2.18.4 所示界面，在左面导航栏，单击"NodeB"或"UE"，拖拽到右面工作区。放置 UE 时设置相关参数，如图 2.18.4 所示。

5. 双击工作区 eNodeB_0，进入基站硬件搭建界面。仍然采用拖拽方式放置 BBU 单板及模块。硬件搭建结果如图 2.18.5 所示。

注意：在放置 RRU 后，要分别在 WBBP 板和 RRU 光口放置光模块，才能安放 BBU 与 RRU 之间的光纤。

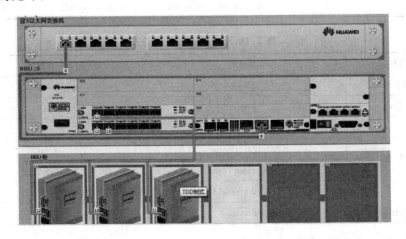

图 2.18.5　BBU 及 RRU 硬件安装界面

6. 硬件搭建完成后,保存工程到指定路径。单击 UPEU 单板电源开关,根据提示给 eNodeB_0 上电。

步骤 3:进入 WEB LMT

1. 鼠标停留在设备连接拓扑图的 LMPT 单板的 ETH 接口。
2. 读取 WEB LMT IP 地址。如:IP 192.168.0.200 mask 255.255.255.0。
3. 打开网络浏览器(建议 360 浏览器),输入 WEB LMT IP 地址。
4. 进入登录界面。如图 2.18.6 所示。用户名:admin ;密码:hwbs@com。

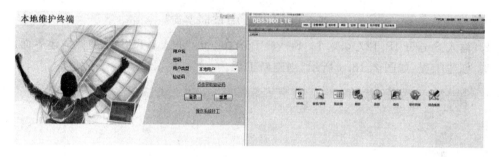

图 2.18.6 WEB LMT 登录界面(左)、选择 MML 配置界面(右)

5. 进入 MML 配置界面,如图 2.18.6 所示。

步骤 4:配置单站全局设备数据

TD-LTE DBS3900 数据配置步骤是:全局设备配置—传输数据配置—无线数据配置。

1. 采集单站全局协商数据

表 2.18.4 eNodeB 基本数据

项目	站点基本信息			
参数名称	基站标识	基站名称	基站类型	协议类型
参数	eNodeBId	Name	ENBTYPE	PROTOCOL
eNodeB	101	GAOZHISAI_DBS3900_1	DBS3900_LTE	CPRI

表 2.18.5 eNodeB 全局数据

参数名称	参数	参数值
移动国家码	Mcc	460
移动网络码	Mnc	00
运营商信息	CnOperatorId	0
	CnOperatorName	CMCC
	CnOperatorType	主运营商
	TrackingAreaId	0
跟踪区码标识	TAC	101

2. 熟悉单站全局设备配置命令

单站全局设备配置命令如图 2.18.7 所示。

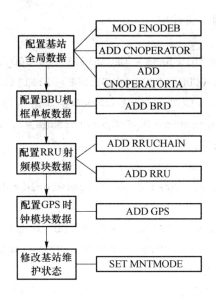

图 2.18.7　单站全局设备配置命令

表 2.18.6　单站全局设备配置命令说明

命令＋对象	MML 命令用途	命令使用注意事项
MOD ENodeB	配置 eNodeB 基本站型信息	基站标识在同一 PLMN 中唯一； 基站类型为：DBS3900-LTE； BBU-RRU 接口协议类型： CPRI 采用华为私有协议(TDL 单模常用) TD-IR 采用 CMCC 标准协议(TDS-TDL 多模)
ADD CNOPERATOR	增加基站所属运营商信息	国内 TD-LTE 站点归属于一个运营商，也可以实现多运营商公用无线基站共享接入
ADD CNOPERATOR	增加跟踪区 TA 信息	TA(跟踪区)相当于 2G/3G 中的 PS 路由区
ADD BRD	添加 BBU 单板	主要单板类型：UMPT/LBBP/UPEU/FAN； LBBPc 支持 FDD 与 TDD 两种工作方式，TD-LTE 基站选择 TDD
ADD RRUCHAIN	增加 RRU 链环，确定 RRU 的组网方式	可选组网方式：链形/环形/符合分担
ADD RRU	增加 RRU 信息	可选 RRU 类型：MRRU/LRRU MRRU 支持多种制式，LRRU 只支持 TDL 制式
ADD GPS	增加 GPS 信息	现场 TDL 单站必配，TDS-TDL 共框站点可从 TDS 系统 WMPT 单板获取
SET MNTMODE	设置基站工程模式	用于标记站点告警，可配置项目：普通/新建/扩容/升级/调测

3. 制作单站全局设备配置脚本

首次执行 MML 命令，会弹出保存窗口进行脚本保存，可更改脚本存储路径。继续执行命令会自动追加保存在此脚本文件中。

　　//配置基站全局数据

　　MOD ENodeB：ENodeBID = 101，NAME = "GAOZHISAI_DBS3900_1"，ENBTYPE = DBS3900_LTE，AUTOPOWEROFFSWITCH = Off，GCDF = DEG，LONGITUDE = 111111，LATITUDE = 111111，LOCATION = "hangzhou"，PROTOCOL = CPRI；//配置 eNodeB 基本站型信息

　　ADD CNOPERATOR：CnOperatorId = 0，CnOperatorName = "CMCC"，CnOperatorType = CNOPERATOR_PRIMARY，Mcc = "460"，Mnc = "00"；

　　//增加基站所属运营商信息

　　ADD CNOPERATORTA：TrackingAreaId = 0，CnOperatorId = 0，Tac = 101；

　　//增加跟踪区信息

　　ADD CABINET：CN = 0，TYPE = VIRTUAL，DESC = "BBU"；增加机柜

　　ADD SUBRACK：CN = 0，SRN = 0，TYPE = DBS3900，DESC = "AAA"；增加机框

　　//配置 BBU 机框单板数据

　　ADD BRD：SN = 19，BT = UPEU；

　　ADD BRD：SN = 16，BT = FAN；

　　ADD BRD：SN = 2，BT = LBBP，WM = TDD；

　　ADD BRD：SN = 3，BT = LBBP，WM = TDD；

　　ADD BRD：SN = 7，BT = LMPT；

　　//配置 RRU 射频模块信息

　　ADD RRUCHAIN：RCN = 0，TT = CHAIN，HSN = 2，HPN = 0；

　　//增加 RRU 链

　　ADD RRU：CN = 0，SRN = 60，SN = 0，RCN = 0，PS = 0，RT = LRRU，RS = TDL，RXNUM = 2，TXNUM = 2；

　　//注意：共增加三条！链路号：0、1、2。框号：60、61、62。

　　SET MNTMODE：MNTMode = INSTALL；

　　//设置基站工程状态

步骤5：配置单站传输组网

1. 认识 S1 接口协议

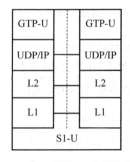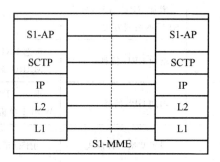

图2.18.8　S1-U 接口协议栈（左）、S1-MME 接口协议栈（右）

S1-U 接口用户平面的 GTP-U 协议主要负责 eNodeB 与 S-GW 之间用户数据的隧道传

输,实现两个节点之间数据封装和传输;下层的 UDP 协议用于用户数据的传送。

S1-MME 接口的控制平面在 IP 层之上采用了比 TCP 协议功能更强大的 SCTP 协议。

SCTP:用于保护 MME 与 eNodeB 之间信令消息的发送,是一种在网络连接两端之间同时传输多个数据流的协议。可用于无线网络的连接管理以及多媒体数据管理。

S1-AP 协议:是 eNodeB 与 MME 之间的应用层协议,主要用于处理 S1-MME 接口控制平面的各种信令控制。

eNodeB 网络传输接口:S1-MME、S1-U 。需要配置三条链路:S1-C(信令)、S1-U(业务数据)与维护链路。

2. 采集传输协商参数

S1 接口控制面参数及用户面参数如表 2.18.7 及 2.18.8 所示。

表 2.18.7　S1 接口控制面参数

项目	控制面信息				
参数名称	eNodeB S1 控制面 IP	eNodeB S1 控制面端口	MME S1 控制面 IP	MME S1 控制面端口	S1 控制面下一跳
参数	LocIP	LocPort	FirstSigIP	LocPort	NEXTHOPIP
eNodeB	10.20.20.2/24	16705	10.20.20.50/24	16448	10.20.20.3

表 2.18.8　S1 接口用户面参数

项目	用户面信息		
参数名称	eNodeB S1 用户面 IP	S-GW S1 用户面 IP	S1 用户面下一跳
参数	S1ServIP	ServIP1	NEXTHOPIP
eNodeB	10.20.20.2/24	10.20.20.52/24	10.20.20.1

3. 核心网接口参数配置

在 LTEStar 硬件搭建界面菜单栏单击"EPC"—"set EPC Parameter",打开 EPC 参数设置界面,如图 2.18.9 所示。修改后,单击"Restart"。

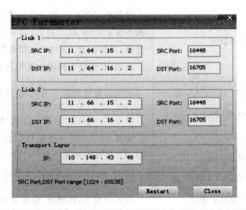

图 2.18.9　EPC 参数设置界面

EPC 参数中的本端指 MME,对端指 eNodeB,而在 eNodeB 数据配置中,本端指 eNodeB 对端指 MME。

4. 熟悉配置命令

单站传输组网配置命令如图 2.18.10 所示。

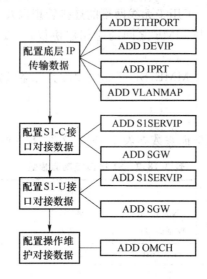

图 2.18.10　单站传输组网配置命令

单站传输组网配置命令说明如表 2.18.9 所示。

表 2.18.9　单站传输组网配置命令说明

命令＋对象	MML 命令用途	命令使用注意事项
ADD ETHPORT	增加以太网端口 以太网端口速率、双工模式、端口属性参数	TD-LTE 基站端口配置 1 Gbit/s 速率,采用全双工模式对接 新增单板时默认已配置的,不需要新增,使用 SET ETHPORT 修改
ADD DEVIP	端口增加设备 IP	每个端口扣增加 8 个设备 IP 现网规划单站使用 IP 不能重复
ADD IPRT	增加静态路由信息	单站必须配置的路由有三条:S1-C 接口到 MME、S1-U 接口 到 UGW、OMCH 到网管;如采用 IPCLK 时钟需额外增加路由 信息,多站配置 X2 接口也需要新站点间路由信息 目的 IP 地址与掩码取值相与必须为网络地址
ADD VLANMAP	根据下一跳增加 VLAN 标识	现网通常规划多个 LTE 站点使用一个 VLAN 标识
ADD S1SIHIP	增加基站 S1 接口信令 IP	采用 End-point(自建立方式)配置方式时应用: 配置 S1/X2 接口的端口信息,系统根据端口信息自动创建 S1/X2 接口控制面承载(SCTP1 链路)和用户面(IP PATH) LINK 配置方式采用手工参考协议栈模式进行配置
ADD MME	增加对端 MME 信息	
ADD S1SERVIP	增加基站 S1 接口服务 IP	
ADD SGW	增加对端 SGW/UGW 信息	
ADD OMCH	增加基站远程维护通道	最多增加主、备两条,绑定路由后,无线单独增加路由信息

5. 制作脚本

//配置传输数据

ADD ETHPORT：SN = 7，SBT = BASE_BOARD，PN = 0，PA = COPPER，SPEED = AUTO，DUPLEX = AUTO；

//配置传输端口

ADD DEVIP：SN = 7，SBT = BASE_BOARD，PT = ETH，PN = 0，IP = "10.20.20.2"，MASK = "255.255.255.0"；

//配置端口物理 IP

ADD IPRT：SN = 7，SBT = BASE_BOARD，DSTIP = "10.20.20.52"，DSTMASK = "255.255.255.255"，RTTYPE = NEXTHOP，NEXTHOP = "10.20.20.1"；

//配置到 SGW 的 IP 路由

ADD IPRT：SN = 7，SBT = BASE_BOARD，DSTIP = "10.20.20.50"，DSTMASK = "255.255.255.255"，RTTYPE = NEXTHOP，NEXTHOP = "10.20.20.3"；

//配置到 MME 的 IP 路由

ADD SCTPLNK：SCTPNO = 0，SN = 7，LOCIP = "10.20.20.2"，LOCPORT = 16705，PEERIP = "10.20.20.50"，PEERPORT = 16448，AUTOSWITCH = ENABLE；

//配置 SCTPLNK

ADD S1INTERFACE：S1InterfaceId = 0，S1SctpLinkId = 0，CnOperatorId = 0；

//配置 S1-C 接口

ADD IPPATH：PATHID = 0，SN = 7，SBT = BASE_BOARD，PT = ETH，JNRSCGRP = DISABLE，LOCALIP = "10.20.20.2"，PEERIP = "10.20.20.52"，ANI = 0，APPTYPE = S1，PATHTYPE = ANY；

//配置 S1-U 接口

步骤 6：配置单站无线数据

1. 采集单站无线小区数据

单站无线小区数据如表 2.18.10 所示。

表 2.18.10 单站无线小区数据

参数名称	参数	参数值
本地小区标识	LocalCellId	0
小区名称	CellName	eNodeB0
扇区标识	SectorId	0
频带	Freqband	39
下行频点	DlEarfcn	38350
下行带宽	DlBandWidth	20M
上行带宽	UlBandWidth	20M
小区标识	CellId	1
物理小区标识	PhyCellId	0
小区半径(米)	CellRadius	1800
小区双工模式	FddTddInd	CELL_TDD
上下行子帧配比	SubframeAssignment	SA2
特殊子帧配比	SpecialSubframePatterns	SSP5
根序列索引	RootSequenceIdx	1

2．熟悉单站无线数据配置命令

单站无线数据配置命令流程如图 2.18.11 所示。

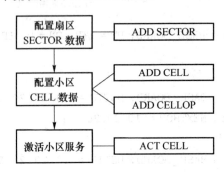

图 2.18.11　单站无线数据配置命令

单站无线数据配置命令说明如表 2.18.11 所示。

表 2.18.11　单站无线数据配置命令说明

命令＋对象	MML 命令用途	命令使用注意事项
ADD SECTOR	增加扇区信息数据	指定扇区覆盖所用射频器件，设置天线收发模式、MIMO 模式，TD-LTE 支持普通 MIMO；1T1R/2T2R/4T4R/8T8R；2T2R 场景可支持 UE 互助 MIMO
ADD CELL	增加无线小区数据	配置小区频点、带宽：TD-LTE 小区带宽只有两种有效：10 MHZ 和 20 MHZ；小区标识 CELL＋ENodeB 标识＋PLMN＝全球唯一小区标识号
ADD CELLOP	添加小区与运营商对应关系信息	绑定本地小区与跟踪区信息，在开启无线共享模式情况下可通过绑定不同运营商对应的跟踪区域信息，分配不同运营商科使用的无线资源 RB 的个数
ACT CELL	激活小区使其生效	是否激活的结果使用 DSP CELL 进行查询

3．制作配置脚本

//配置无线参数

ADD SECTOR：SECN = 0，GCDF = DEG，LONGITUDE = 0，LATITUDE = 0，SECM = NormalMIMO，ANTM = 2T2R，COMBM = COMBTYPE_SINGLE_RRU，CN1 = 0，SRN1 = 60，SN1 = 0，PN1 = ROA，CN2 = 0，SRN2 = 60，SN2 = 0，PN2 = ROB，ALTITUDE = 100；

//配置扇区，要配三个扇区 0、1、2,使用的框号 60、61、62

ADD CELL：LocalCellId = 0，CellName = "eNodeB0"，SectorId = 0，FreqBand = 39，Ul-EarfcnCfgInd = NOT_CFG，DlEarfcn = 38350，UlBandWidth = CELL_BW_N100，DlBandWidth = CELL_BW_N100，CellId = 1，PhyCellId = 0，RootSequenceIdx = 0，CustomizedBandWidthCf-gInd = NOT_CFG，EmergencyAreaIdCfgInd = NOT_CFG，UePowerMaxCfgInd = NOT_CFG，Multi-RruCellFlag = BOOLEAN_FALSE；

//配置小区，注意加三个小区，分别 0、1、2ADD CELLOP：LocalCellId = 0，Trackin-gAreaId = 0

;//配置小区运营商消息,配置三个
ACT CELL：LocalCellId = 0;//激活小区
ACT CELL：LocalCellId = 1;//激活小区
ACT CELL：LocalCellId = 2;//激活小区

步骤 7:单站业务验证体验

使用 MML 命令 DSP CELL,检查 CELL 状态是否为"正常"。如图 2.18.12 所示。

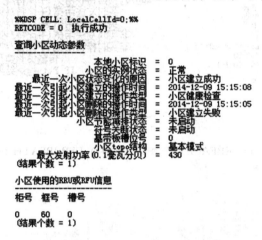

图 2.18.12　DSP CELL 命令查询结果

使用 MML 命令 DSP BRDVER,检查设备单板是否能显示单板号,如显示则说明状态正常。如图 2.18.13 所示。

图 2.18.13　DSP BRDVER 命令查询结果

使用 MML 命令 DSP S1INTERFACE,检查 S1-C 接口状态是否正常。如图 2.18.14 所示。

使用 MML 命令 DSP IPPATH,检查 S1-U 接口是否正常。

显示 UE 的 RSRP 和 RSRQ(接受功率和接受质量)。

UE 开机,小区建立完成。在主界面,选中 UE,鼠标停留在 UE 上 1S,查看 UE 的 RSRP 和 RSRQ,如图 2.18.15 所示。当 RSRP 小于-145dBm 时会显示无信号。

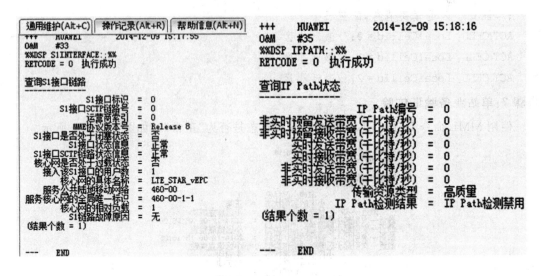

图 2.18.14　DSP S1INTERFACE 命令查询结果（左）、DSP IPPATH 命令查询结果（右）

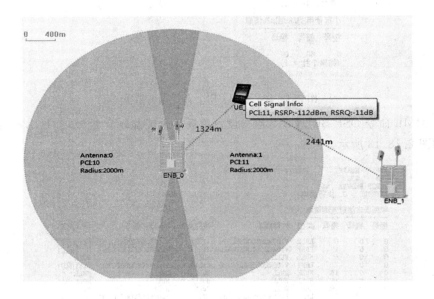

图 2.18.15　UE 的 RSRP 和 RSRQ 查询结果

步骤 8：单站故障处理

1. 硬件故障处理

通过告警信息和命令行搜集故障信息。

DSP BRD

DSP BRDVER

DSP RRU

DSP RRUCHAIN

2. 传输故障处理

查看传输相关告警，执行命令行查询链路状态。DSP SCTPLNK。

检查本端、对端 SCTP 链路 IP 和端口是否和协商的一致。LST SCTPLNK 。

3. 小区故障处理。

故障主要有:信令链路不通,无可用 RRU 载波资源,业务链路不通导致 UE 无法入网,UE 制式不匹配导致 UE 无法入网。

(1) 信令链路不通

常见原因:SCTP 链路不通,有可能参数错误,如网络码、跟踪区码;

DSP S1INTERFACE 查询信令链路。

DSP SCTPLNK　查询 SCTP 链路。

LST CNOPERATOR。

LST CNOPERATORTA。

(2) 发现无可用载波资源

常见原因:

无可用 RRU 载波资源 DSP CELL;

基带板不正常　DSP　BRD;

RRU 制式不匹配　DSP　BRD;

RRU 链路不通　DSP RRUCHAIN。

业务链路不通导致无法入网,检查对应的业务链路配置 LST IPPATH。

五、任务成果

数据配置脚本文件一个。

六、拓展提高

1. TD-LTE 上下行子帧配比有哪几种模式?
2. TD-LTE 特殊子帧配比有哪几种模式?

任务 19   配置中兴 TD-LTE eNodeB 设备

一、任务介绍

某 LTE 基站机房中,E-Utran 设备硬件、线缆、软件已完成安装,请作为工作人员的你,根据任务 10 所获得的 TD-LTE 基站硬件设备机框图、网络规划数据,按照以下任务步骤进行设备配置,并上传到基站处验证。

二、任务用具

中兴 TD-LTE 无线侧 B8300 以及 R8972 各一台,操作终端若干台。

三、任务用时

建议 4 课时。

四、任务实施

步骤 1:完成数据规划

按照设备组网时的数据规划,我们得到如表 2.19.1 所示的基站配置数据。

表 2.19.1   中兴 TD-LTE eNodeB 基站数据

IP 地址		SCTP 配置			静态路由		
网元 IP	本端接口 IP	本端端口	对端端口	对端 IP	目的 IP 地址	网络掩码	下一跳 IP 地址
192.254.1.16	192.168.210.130	2000	36412	192.168.210.100	192.168.210.120	255.255.255.255	192.168.210.121

步骤 2:登录 TD-LTE 网管

进入操作系统。数据配置前,首先打开网管服务器,双击桌面上的"服务端"图标,待弹出的窗口中命令行停止运行且左上角显示绿色方块时,双击桌面的"客户端"图标。在弹出框中输入用户名"admin"进入配置界面。

步骤 3:配置 TD-LTE 基站数据

在"视图"中选择配置管理,开始进行配置。

1. 创建子网

在如图 2.19.1 所示位置右击,选择"创建子网",填写"用户标识"、"子网 ID"、"子网类型后",单击"保存"按钮。

用户标识可以自由设置,子网 ID 不可重复,子网类型请选择 E-UTRAN 子网。

2. 创建网元

在创建好的子网上,右击,选择"创建网元",填入无线制式、管理网元 ID、网元类型、网元 IP 地址、BBU 类型、网元地址、网元等级后，单击"保存"按钮。如图 2.19.2 所示。

网元 IP 地址，即基站和外部通信的 ENodeB 地址。

若在实验室使用 Debug 口直连 1 号槽位的 CC 话，直接配置为 192.254.1.16。

根据前台 BBU 机架类型选择 8300。

图 2.19.1　创建子网

图 2.19.2　创建网元

3. 申请互斥权限

在创建好的网元 BS8700 上右击，选择"申请互斥权限"。如图 2.19.3 所示。

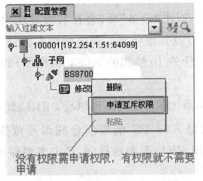

图 2.19.3　申请互斥权限

4. 运营商配置

如图 2.19.4 所示，双击"BS8700"下的修改区图标，在左下角出现的菜单中双击"运营商"，单击右侧的"新建按钮"。在图中的运营商信息处，填写相关内容。

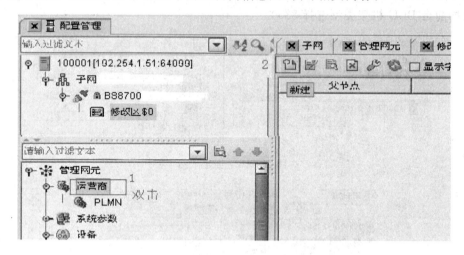

图 2.19.4　添加运营商信息

单击"运营商"，双击"PLMN"，单击"新建"按钮。如图 2.19.5 所示。单击"保存"。

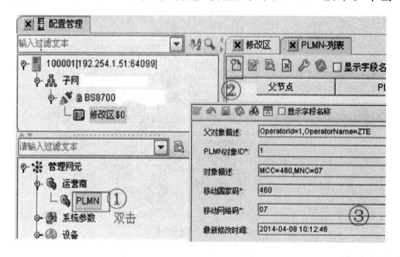

图 2.19.5　添加 PLMN 信息

5. 添加 BBU 侧设备

单击"网元"，选中修改区，双击"设备"后，会在右边显示出机架图。根据前台实际位置情况添加 CCC（即 CC16）板，以及其他单板。在 8 槽位右击添加 BPL 单板，在 17 槽位右击添加 PM 单板。（本操作需要任务 10 绘制的 B8300 机框图）如图 2.19.6 所示。

6. 配置 RRU

在机架图上单击 ![icon] 图标添加 RRU 机架和单板，RRU 编号可以自动生成，用户也可以自己填写。但是前台有限制是 51～107 请按前台的编号范围填写。添加 RRU，右击"设备"，单击"添加 RRU"，会弹出 RRU 类型选择框，选中类型即可。如图 2.19.7 所示。

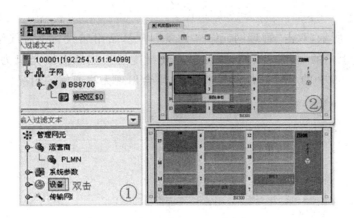

图 2.19.6　添加 BBU 单板

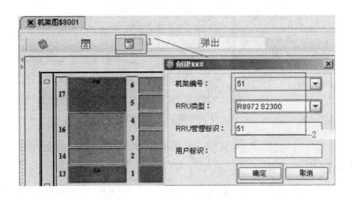

图 2.19.7　添加 RRU

7. BPL 光口设备配置

单击"管理网元"—"设备"—"BPL"—"光口设备集"—"光口设备",双击"光口设备",双击第一个父节点,然后在弹出的窗口中单击左上角"修改"按钮。如图 2.19.8 所示。设置光模块类型为"6G",光模块协议类型为"PHY LTE IE[1]"。填完之后单击"保存"按钮。

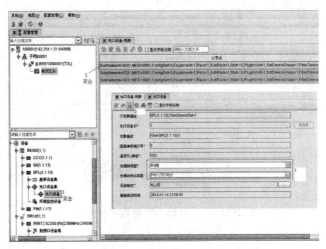

图 2.19.8　添加光口设备

8. 光纤配置

如图 2.19.9 所示,双击"管理网元"—"设备"—"基站附属设备"—"线缆"—"光纤"后,单击右边窗口左上角的"新建"按钮,添加对应光纤配置。注意上级光口为 BPL 板对应端口,下级光口为 R8972 的 1 号端口。如果选错,则会出现无法通信的情况。

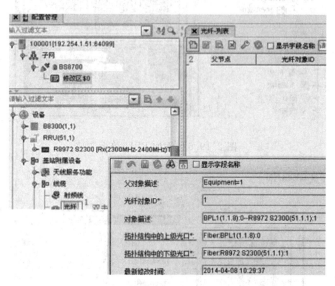

图 2.19.9　添加光纤配置

9. 配置天线物理实体对象

双击"管理网元"—"设备"—"基站附属设备"—"天线服务功能"—"天线物理实体"后,单击右边窗口左上角的"新建"按钮,添加对应配置。覆盖场景选择"室内",使用的天线属性选择"Antprofile=201"。如图 2.19.10 所示。

图 2.19.10　添加天线物理实体对象

10. 射频线配置

双击"管理网元—设备—基站附属设备—线缆—射频线"后,单击右边窗口左上角的"新建"按钮,添加对应配置。

其中,连接的天线选择"AntEntity=1",连接的射频端口选择"R8972 S2300(51.1.1),PortNo=2"。然后单击"保存"。如图 2.19.11 所示。

图 2.19.11　添加射频线配置

11. IR 天线组对象配置

双击"管理网元"—"设备"—"基站附属设备"—"天线服务功能"—"Ir 天线组对象"后,单击右边窗口左上角的"新建"按钮,添加对应配置。使用的天线选择"AntEntity=1",连接的 RRU 单板选择"RS8972 S2300(51.1.1)"。然后单击"保存"。如图 2.19.12 所示。

图 2.19.12　IR 天线组对象配置

12. 配置时钟设备

双击"管理网元"—"设备"—"B8300"—"CCC(1.1.1)"—"时钟设备集"—"时钟设备"后,单击右边窗口左上角的"新建"按钮,添加对应配置。

其中,单击 GNSS 时钟参数后,在弹出框中直接以默认值确定即可。然后单击"保存"。如图 2.19.13 所示。

13. 物理层端口配置

双击"管理网元"—"传输网络"—"物理承载"—"物理层端口"后,单击右边窗口左上角的"新建"按钮,添加对应配置。

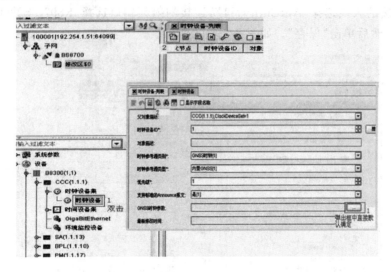

图 2.19.13　配置时钟设备

其中,连接对象选择"MME",使用的以太网选择"GE CCC(1.1.1) 0",以太网方式配置参数选择"峰值速率 1000000"。然后单击"保存"。如图 2.19.14 所示。

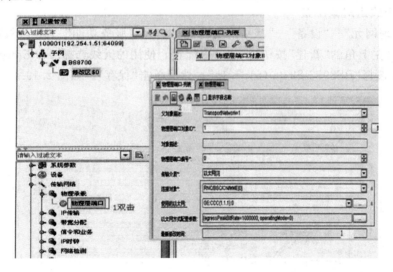

图 2.19.14　物理层端口配置

14. 以太网链路层配置

双击"管理网元"—"传输网络"—"IP 传输"—"以太网链路层"后,单击右边窗口左上角的"新建"按钮,添加对应配置。

其中,使用的物理端口选择"phylayerportNo＝0"。然后单击"保存"。如图 2.19.15 所示。

15. IP 层配置

双击"管理网元"—"传输网络"—"IP 传输"—"IP 层配置"后,单击右边窗口左上角的"新建"按钮,添加对应配置。

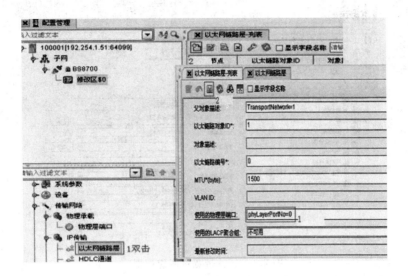

图 2.19.15　以太网链路层配置

其中，IP 地址选择数据规划中的本端接口 IP"192.168.210.130"，掩码与网关均为默认值，使用的以太网链路选择 0 号链路。然后单击"保存"。如图 2.19.16 所示。

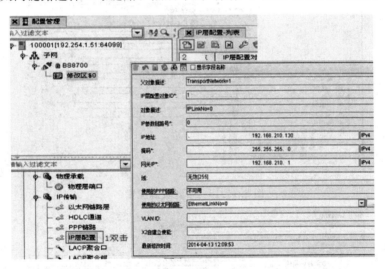

图 2.19.16　IP 层配置

16. 带宽配置

双击"管理网元"—"传输网络"—"带宽分配"—"带宽资源组"后，单击右边窗口左上角的"新建"按钮，添加对应配置。其中，使用的以太网链路选择"0 号链路"，出口最大带宽与物理层端口配置时匹配，为"1000000"。然后单击"保存"。如图 2.19.17 所示。

接着双击"带宽资源组—带宽资源"，参数默认，然后单击"保存"。如图 2.19.18 所示。

17. SCTP 配置

双击"管理网元"—"传输网络"—"信令和业务"—"SCTP"后，单击右边窗口左上角的"新建"按钮，添加对应配置。其中，本端端口号按照数据规划选择"2000"，远端端口为"36412"。然后单击"保存"。如图 2.19.19 所示。

图 2.19.17　带宽资源组配置

图 2.19.18　带宽资源配置

图 2.19.19　SCTP 配置

18. 静态路由配置

双击"管理网元"—"传输网络"—"静态路由"—"静态路由配置"后,单击右边窗口左上角的"新建"按钮,添加对应配置。其中,目的 IP 地址按照数据规划选择"192.168.210.120",子网掩码及下一跳 IP 地址按照表 2.19.1 填写。然后单击"保存"。如图 2.19.20 所示。

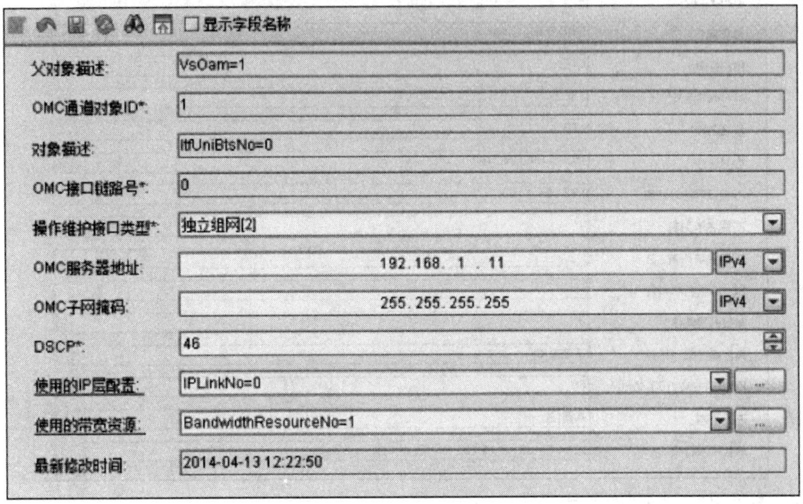

图 2.19.20　静态路由配置

19. OMCB 通道配置

双击"管理网元"—"传输网络"—"OMC 通道"后,单击右边窗口左上角的"新建"按钮,添加对应配置。其中,OMC 服务器 IP 地址为"192.168.1.11",子网掩码默认,DSCP 为 46,使用的 IP 层配置选择"0 号 IP 链路",使用的带宽资源选择"1 号带宽资源"。然后单击"保存"。如图 2.19.21 所示。

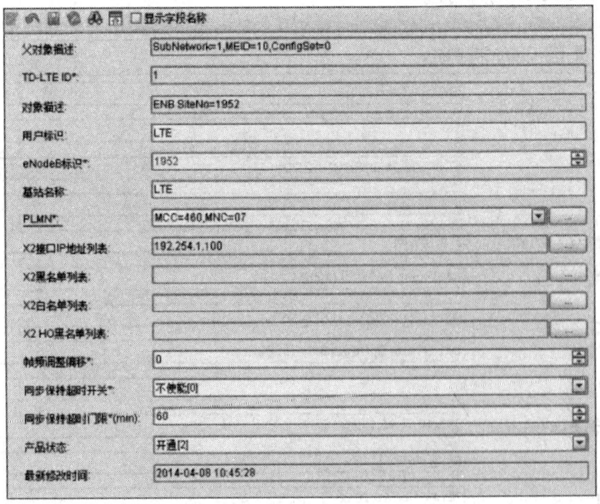

图 2.19.21　OMCB 通道配置

20. 创建 LTE 网络

双击"管理网元"—"无线参数"—"TD-LTE"后,单击右边窗口左上角的"新建"按钮,添加对应配置。

其中，eNodeB 标识为"1952"，PLMN 为"MCC＝460，MNC＝07"，产品状态为开通，其余默认。然后单击"保存"。如图 2.19.22 所示。

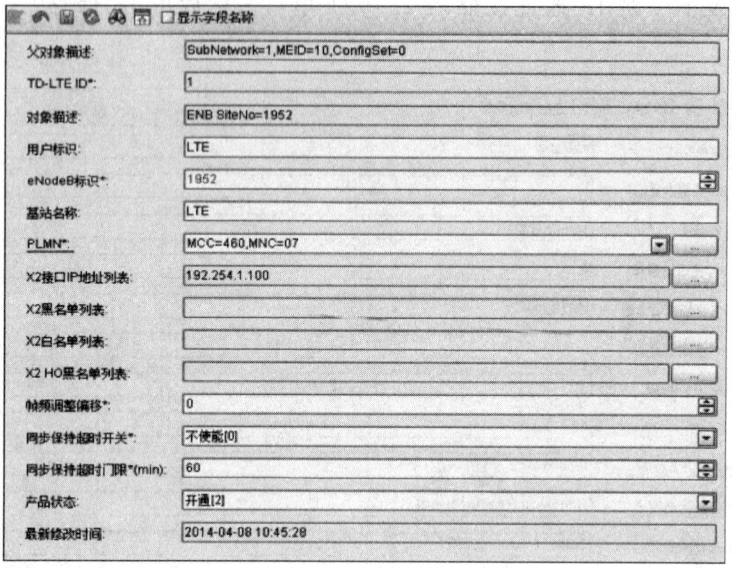

图 2.19.22　创建 LTE 网络

21. 基带资源配置

双击"管理网元"—"无线参数"—"TD-LTE"—"资源接口配置"—"基带资源"后，单击右边窗口左上角的"新建"按钮，添加对应配置。

其中，Ir 天线组对象为"R8972 S2300"，射频口对象为"R8972 S2300 1 号端口"，关联的基带设备为"BPL1"，上行激活天线位图为"01"，小区模式为"6 小区 4 天线"，其余默认。然后单击"保存"。如图 2.19.23 所示。

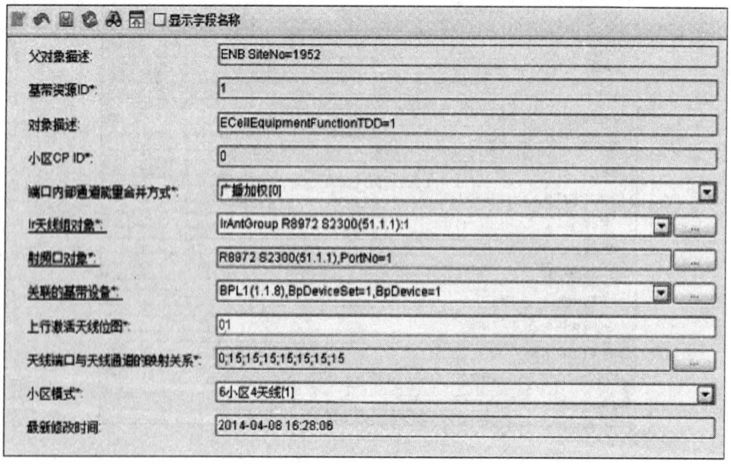

图 2.19.23　基带资源配置

22. 配置服务小区

双击"管理网元"—"无线参数"—"TD-LTE"—"E-UTRAN TDD 小区"后,单击右边窗口左上角的"新建"按钮,添加对应配置。由于服务小区配置参数较多,图 2.19.24 只列出必配参数。

跟踪区码为"39681",小区覆盖范围选"室外微小区",小区支持的发射天线端口数目选择"1[0]",小区参考信号功率为 3 dBm,频段指示为 40,中心载频为 2 340,上下行子帧配比为 1[1],特殊子帧配比为 5[5],小区使用天线端口 1 选择"是[1]",切换模式选择"强制使用 TM1[1]",PUCCH format1 系列的 DTX 检测门限为 0,其余选项默认。然后单击"保存"。如图 2.19.24 所示。

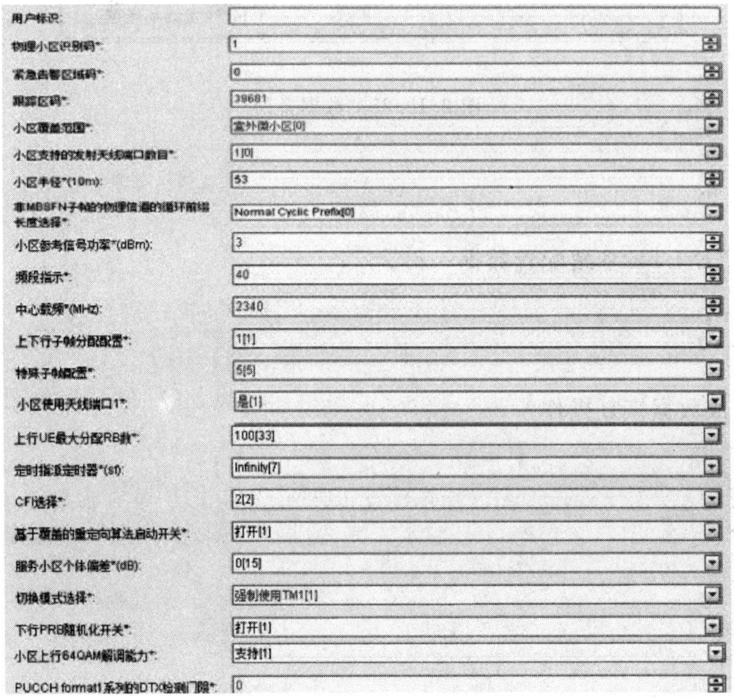

图 2.19.24　配置服务小区

步骤 4:同步数据至基站

单击"配置管理",选择"数据同步"。选择"整表同步",单击"执行"。

步骤 5:数据备份

单击"配置管理",选择"数据备份",单击"备份",如图 2.19.25 所示,文件路径自行定义。

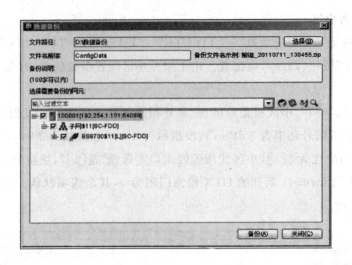

图 2.19.25　数据备份

五、任务成果

备份好的 TD-LTE 基站配置数据一份。

六、拓展提高

1. 如何完成数据恢复操作？

任务 20　配置中兴 FDD LTE eNodeB 设备

一、任务介绍

某 LTE 基站机房中,E-Utran 设备硬件、线缆、软件已完成安装,请作为工作人员的你,根据任务 10 所获得的 FDD LTE 基站硬件设备机框图、网络规划数据,按照以下任务步骤进行设备配置,并上传到基站处验证。

二、任务用具

中兴 FDD LTE 无线侧 B8200 以及 R8882 各一台,学生操作终端若干台。

三、任务用时

建议 4 课时。

四、任务实施

步骤 1:完成数据规划

按照设备组网时的数据规划,我们得到如表 2.20.1 所示的基站配置数据。

表 2.20.1　中兴 FDD LTE eNodeB 基站数据

IP 地址		SCTP 配置			静态路由		
网元 IP	本端接口 IP	本端端口	对端端口	对端 IP	目的 IP 地址	网络掩码	下一跳 IP 地址
192.254.1.16	192.168.210.135	2001	36412	192.168.210.100	192.168.210.120	255.255.255.255	192.168.210.121

步骤 2:登录 FDD LTE 网管

进入操作系统。数据配置前,首先打开网管服务器,双击桌面上的“服务端”图标,待弹出的窗口中命令行停止运行且左上角显示绿色方块时,双击桌面的“客户端”图标。在弹出框中输入用户名“admin”进入配置界面。

步骤 3:配置 FDD LTE 基站数据

在“视图”中选择配置管理,开始进行配置。

1. 创建子网

在如图 2.20.1 所示位置右击,选择“创建子网”,填写用户标识、子网 ID、子网类型后,单击“保存”按钮。

用户标识可以自由设置,子网 ID 不可重复,子网类型请选择 E-UTRAN 子网。

2. 创建网元

在创建好的子网上,右击,选择“创建网元”,填入无线制式、管理网元 ID、网元类型、网元 IP 地址、BBU 类型、网元地址、网元等级后，单击"保存"按钮。

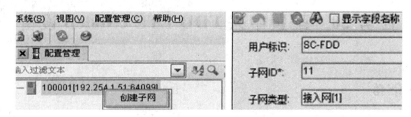

图 2.20.1　创建子网

网元 IP 地址，即基站和外部通信的 ENodeB 地址。

若在实验室使用 Debug 口直连 1 号槽位的 CC 话，直接配置为 192.254.1.16。

根据前台 BBU 机架类型选择 8200。

如图 2.20.2 所示。

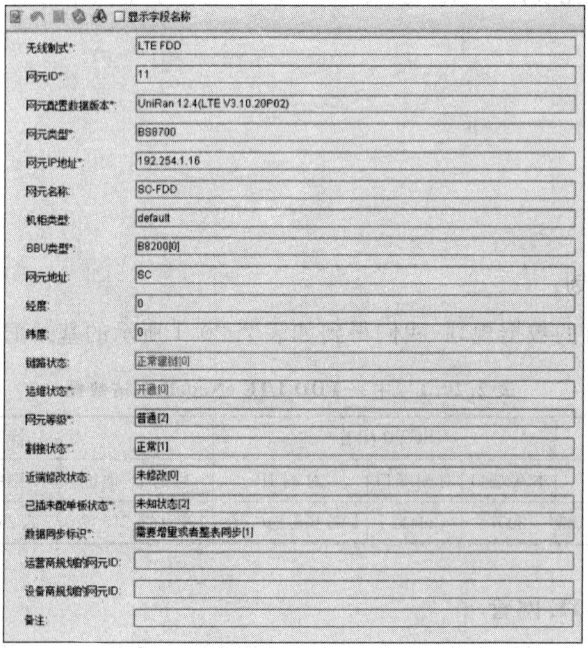

图 2.20.2　创建网元

3. 申请互斥权限

在创建好的网元 BS8700 上右击，选择"申请互斥权限"。如图 2.20.3 所示。

4. 运营商配置

如图 2.20.4 所示，双击"BS8700"下的修改区图标，在左下角出现的菜单中双击"运营商"，单击右侧的"新建按钮"。在图中的运营商信息处，填写相关内容。

单击"运营商"，双击"PLMN"，单击"新建"按钮。如图 2.19.5 所示。单击"保存"。

图 2.20.3　申请互斥权限

图 2.20.4 添加运营商信息

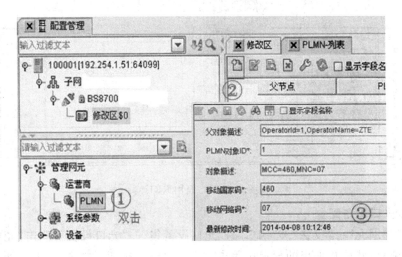

图 2.20.5 添加 PLMN 信息

5. 添加 BBU 侧设备

单击"网元",选中修改区,双击"设备"后,会在右边显示

出机架图。根据前台实际位置情况添加 CCC(即 CC16)板在 1 槽位,以及其他单板。在 6 槽位右击添加 BPL 单板,在 15 槽位右击添加 PM 单板。(本操作需要任务 10 绘制的 B8200 机框图)如图 2.20.6 所示。

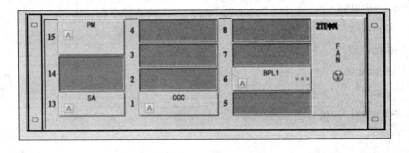

图 2.20.6 添加 BBU 单板

6. 配置 RRU

在机架图上单击 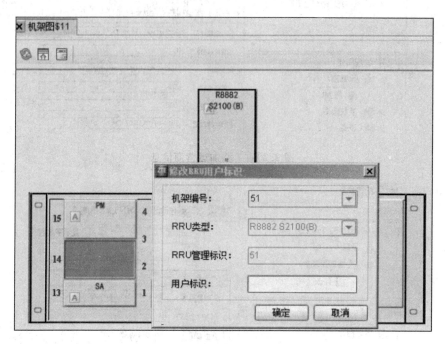 图标添加 RRU 机架和单板，RRU 编号可以自动生成，用户也可以自己填写。但是前台有限制是 51～107 请按前台的编号范围填写。添加 RRU，右击"设备"，单击"添加 RRU"，会弹出 RRU 类型选择框，选中类型 R8882 即可。如图 2.20.7 所示。

图 2.20.7 添加 RRU

7. BPL 光口设备配置

单击"管理网元"—"设备"—"BPL"—"光口设备集"—"光口设备"，双击"光口设备"，双击第一个父节点，然后在弹出的窗口中单击左上角"修改"按钮。如图 2.20.8 所示。设置光模块类型为"6G"，光模块协议类型为"PHY CPRI[0]"。填完之后单击"保存"按钮。

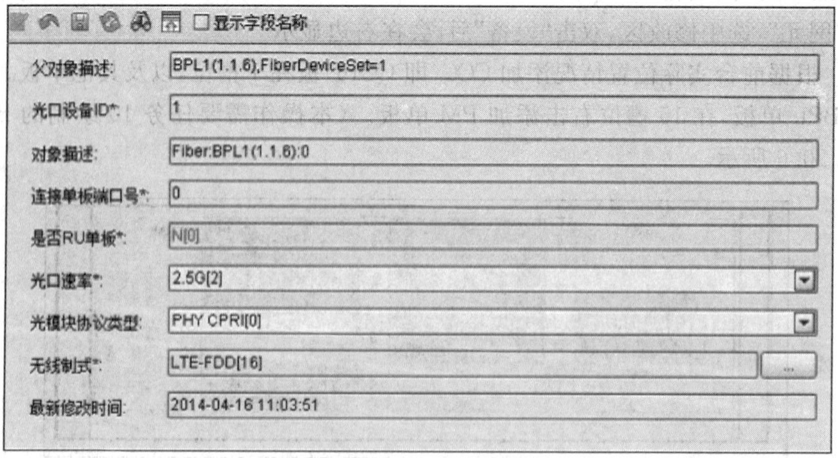

图 2.20.8 添加光口设备

8. 光纤配置

如图 2.20.9 所示,双击"管理网元"—"设备"—"基站附属设备"—"线缆"—"光纤"后,单击右边窗口左上角的"新建"按钮,添加对应光纤配置。注意上级光口为 BPL 板对应端口,下级光口为 R8882 的 1 号端口。如果选错,则会出现无法通信的情况。

父对象描述:	Equipment=1
光纤对象ID*:	1
对象描述:	BPL1(1.1.6):0--R8882 S2100(B)(51.1.1):1
拓扑结构中的上级光口*:	Fiber:BPL1(1.1.6):0
拓扑结构中的下级光口*:	Fiber:R8882 S2100(B)(51.1.1):1
最新修改时间:	2014-04-16 12:09:54

图 2.20.9　添加光纤配置

9. 配置天线物理实体对象

双击"管理网元"—"设备"—"基站附属设备"—"天线服务功能"—"天线物理实体"后,单击右边窗口左上角的"新建"按钮,添加对应配置。覆盖场景选择"室内",使用的天线属性选择"Antprofile=201"。如图 2.20.10 所示。

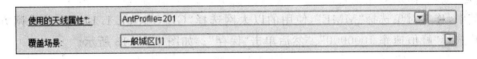

图 2.20.10　添加天线物理实体对象

10. 射频线配置

双击"管理网元"—"设备"—"基站附属设备"—"线缆"—"射频线"后,单击右边窗口左上角的"新建"按钮,添加对应配置。

其中,连接的天线选择"AntEntity=1",连接的射频端口选择"R88872 S2100(B)(51.1.1),PortNo=1"。然后单击"保存"。如图 2.20.11 所示。

父对象描述:	Equipment=1
射频线对象ID*:	1
对象描述:	RfCable=1
下行衰减(dB):	0
上行衰减(dB):	
下行时延(ns):	0
上行时延(ns):	0
连接的天线:	AntEntity=1
连接的TMA设备:	
连接的射频端口:	R8882 S2100(B)(51.1.1),PortNo=1
最新修改时间:	2014-04-16 12:09:44

图 2.20.11　添加射频线配置

11. 配置时钟设备

双击"管理网元"—"设备"—"B8200"—"CCC(1.1.1)"—"时钟设备集"—"时钟设备"后,单击右边窗口左上角的"新建"按钮,添加对应配置。

其中,单击 GNSS 时钟参数后,在弹出框中直接以默认值确定即可。然后单击"保存"。如图 2.20.12 所示。

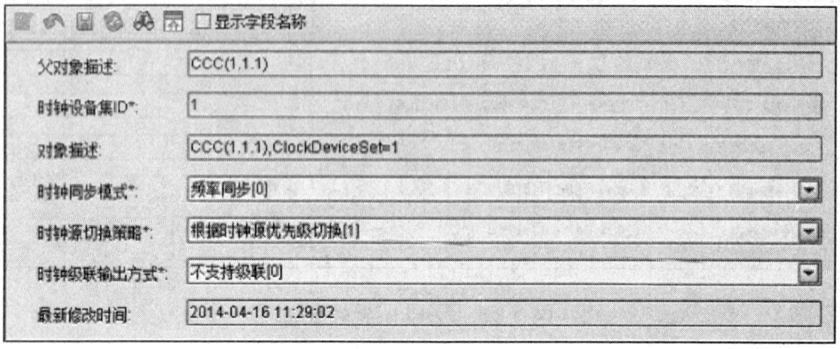

图 2.20.12　配置时钟设备

12. 物理层端口配置

双击"管理网元"—"传输网络"—"物理承载"—"物理层端口"后,单击右边窗口左上角的"新建"按钮,添加对应配置。

其中,连接对象选择"MME",使用的以太网选择"GE CCC(1.1.1):0",以太网方式配置参数选择"峰值速率 1000000"。然后单击"保存"。如图 2.20.13 所示。

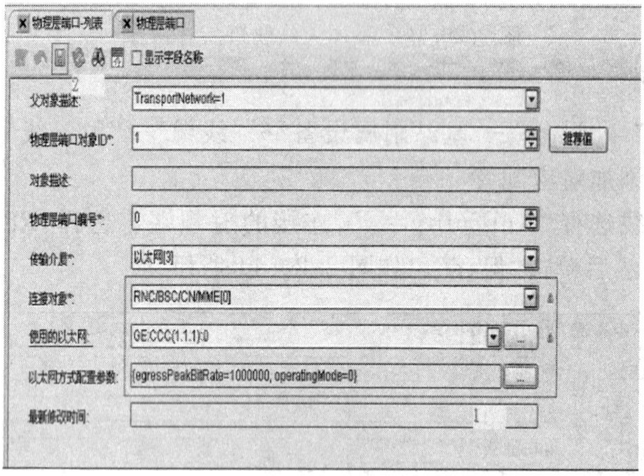

图 2.20.13　物理层端口配置

13. 以太网链路层配置

双击"管理网元"—"传输网络"—"IP 传输"—"以太网链路层"后,单击右边窗口左上角的"新建"按钮,添加对应配置。

其中,以太网链路编号为 0,MTU 为 1500,使用的物理端口选择"phylayerportNo＝0"。然后单击"保存"。如图 2.20.14 所示。

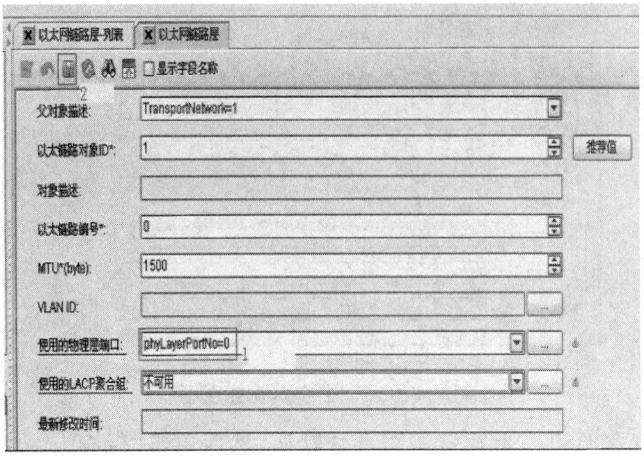

图 2.20.14　以太网链路层配置

14. IP 层配置

双击"管理网元"—"传输网络"—"IP 传输"—"IP 层配置"后,单击右边窗口左上角的"新建"按钮,添加对应配置。

其中,IP 地址选择数据规划中的本端接口 IP"192.168.210.135",掩码与网关均为默认值,使用的以太网链路选择 0 号链路。然后单击"保存"。如图 2.20.15 所示。

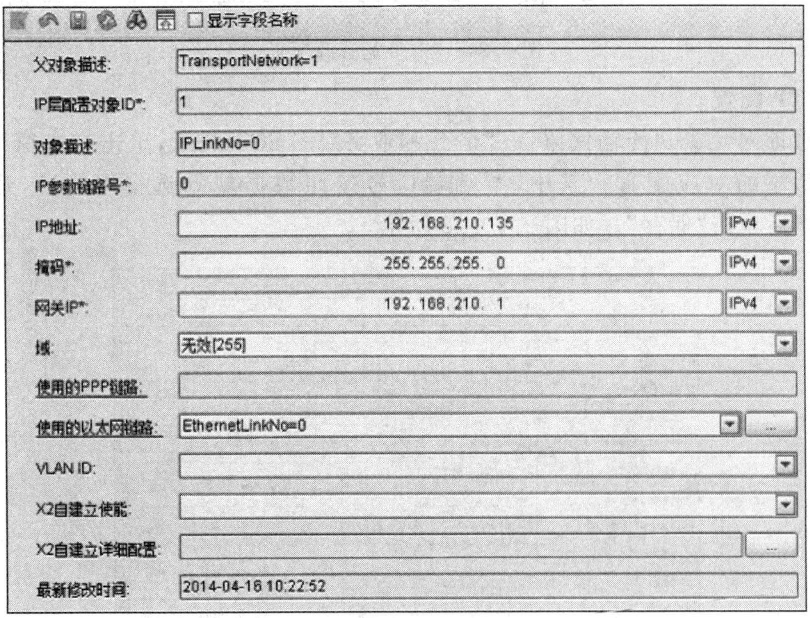

图 2.20.15　IP 层配置

15. 带宽配置

双击"管理网元"—"传输网络"—"带宽分配"—"带宽资源组"后,单击右边窗口左上角的"新建"按钮,添加对应配置。其中,使用的以太网链路选择"0 号链路",出口最大带宽与物理层端口配置时匹配,为"1000000"。然后单击"保存"。如图 2.20.16 所示。

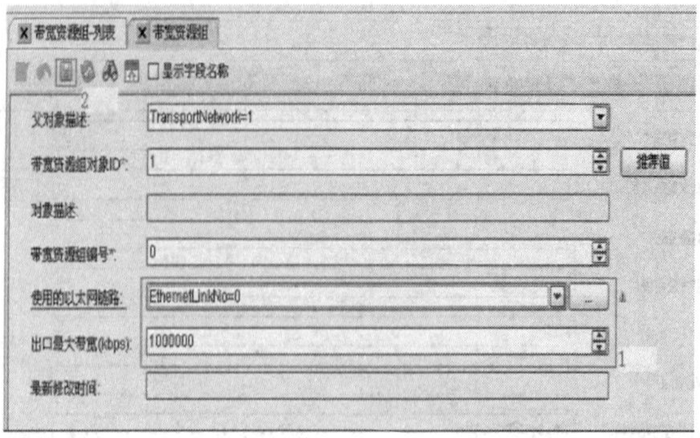

图 2.20.16　带宽资源组配置

接着双击"带宽资源组—带宽资源",参数默认,然后单击"保存"。如图 2.20.17 所示。

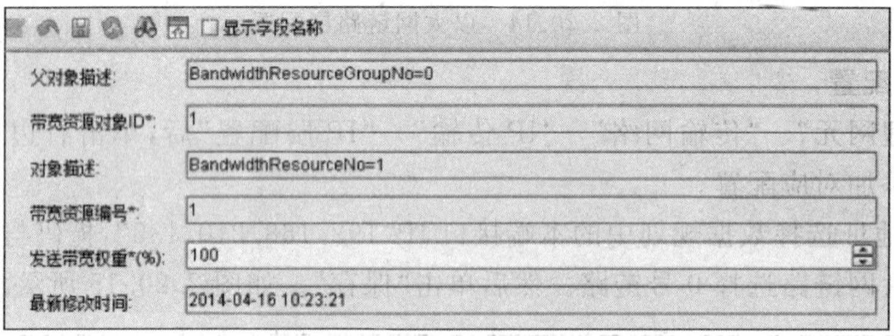

图 2.20.17　带宽资源配置

16. SCTP 配置

双击"管理网元"—"传输网络"—"信令和业务"—"SCTP"后,单击右边窗口左上角的"新建"按钮,添加对应配置。其中,本端端口号按照数据规划选择"2001",远端端口为"36412"。然后单击"保存"。如图 2.20.18 所示。

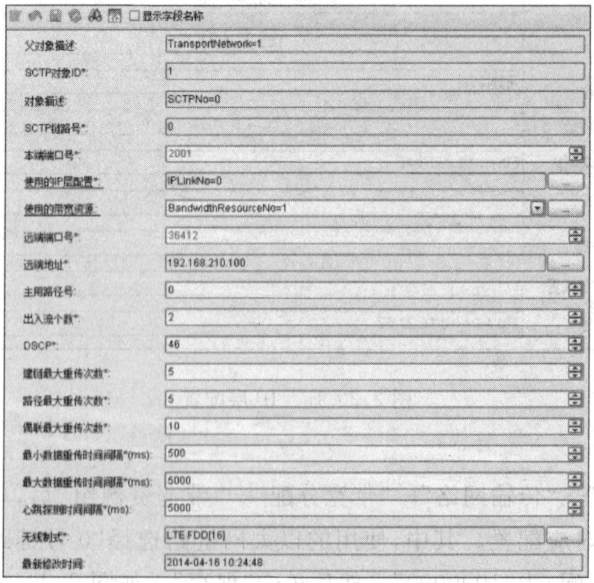

图 2.20.18　SCTP 配置

17. 静态路由配置

双击"管理网元"—"传输网络"—"静态路由"—"静态路由配置"后，单击右边窗口左上角的"新建"按钮，添加对应配置。其中，目的 IP 地址按照数据规划选择"192.168.210.120"，子网掩码及下一跳 IP 地址按照表 2.20.1 填写。然后单击"保存"。如图 2.20.19 所示。

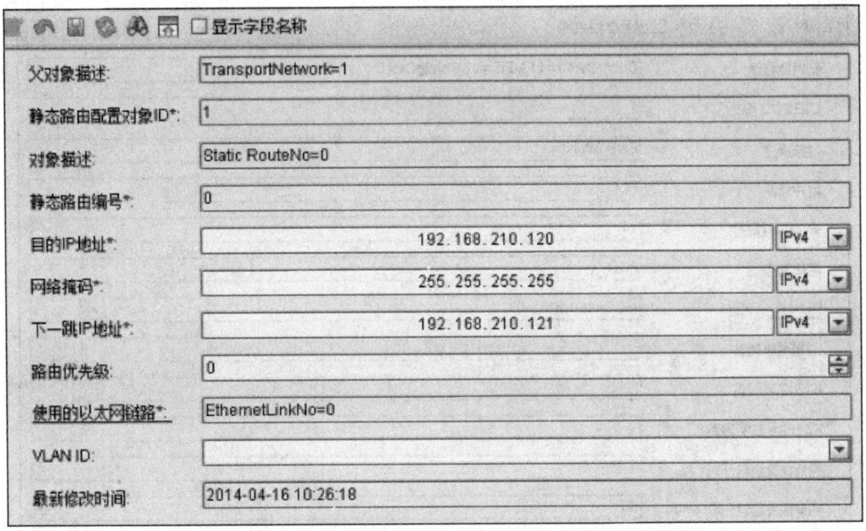

图 2.20.19　静态路由配置

18. OMCB 通道配置

双击"管理网元"—"传输网络"—"OMC 通道"后，单击右边窗口左上角的"新建"按钮，添加对应配置。其中，OMC 服务器 IP 地址为"192.168.1.1"，子网掩码默认，DSCP 为 46，使用的 IP 层配置选择"0 号 IP 链路"，使用的带宽资源选择"1 号带宽资源"。然后单击"保存"。如图 2.20.20 所示。

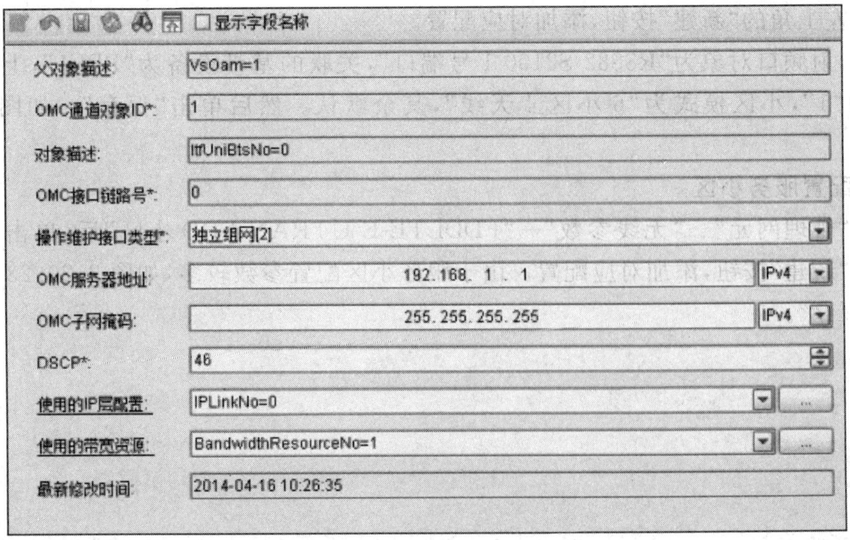

图 2.20.20　OMCB 通道配置

19. 创建 LTE 网络

双击"管理网元"—"无线参数"—"FDD LTE"后,单击右边窗口左上角的"新建"按钮,添加对应配置。

其中,eNodeB 标识为 "11",PLMN 为"MCC=460,MNC=07",产品状态为开通,其余默认。然后单击"保存"。如图 2.20.21 所示。

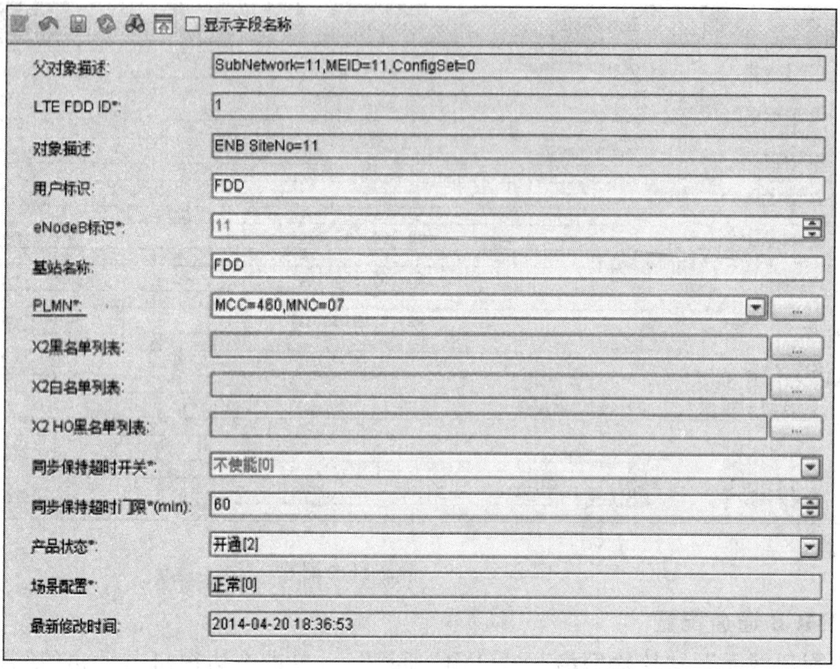

图 2.20.21　创建 LTE 网络

20. 基带资源配置

双击"管理网元"—"无线参数"—"FDD LTE"—"资源接口配置"—"基带资源"后,单击右边窗口左上角的"新建"按钮,添加对应配置。

其中,射频口对象为"R8882 S2100 1 号端口",关联的基带设备为"BPL1",上行激活天线位图为"1",小区模式为"6 小区 4 天线",其余默认。然后单击"保存"。如图 2.20.22 所示。

21. 配置服务小区

双击"管理网元"—"无线参数"—"FDDLTE-E-UTRAN FDD 小区"后,单击右边窗口左上角的"新建"按钮,添加对应配置。由于服务小区配置参数较多,如图 2.20.23 所示。然后单击"保存"。

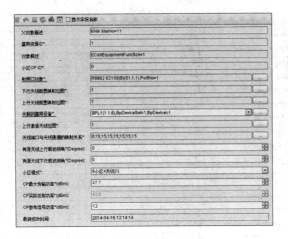

图 2.20.22 基带资源配置

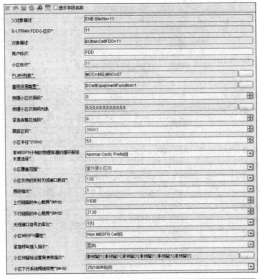

小区上行系统频域带宽*(MHz):	20(100RB)[5]	▼
GBR业务DRX使能开关*:	关闭[0]	▼
非GBR业务DRX使能开关*:	关闭[0]	▼
纬度*:	-90	⬍
经度*:	-180	⬍
上行MCS最小值*:	0	⬍
上行MCS最大值*:	28	⬍
下行MCS最小值*:	0	⬍
下行MCS最大值*:	28	⬍
下行UE最大分配RB数*:	100	⬍
上行UE最大分配RB数*:	100[33]	⬍

☐ 显示字段名称

定时器派定时器*(s6:	Infinity[7]	▼
CF选择*:	2[2]	▼
基于覆盖的垂直向算法启动开关*:	打开[1]	▼
服务小区个体偏差*(dB):	0[15]	▼
切换模式选择*:	强制使用TM1[1]	▼
小区上行64QAM解调能力*:	支持[1]	▼

CS Fallback到UTRAN时,优先采用的方式*:	PS切换[0]	▼
CS Fallback到GSM时,优先采用的方式*:	垂直向[2]	▼
CS Fallback到CDMA2000时,优先采用的方式*:	增强型CSFB(并发数据业务到HRPD的切换过程)[0]	▼
采样速率模式配置*:	0	⬍
服务小区CoMP功能开关*:	关闭[0]	▼
边缘用户/中心用户判定启动开关*:	关闭[0]	▼
Loadingtest开关*:	关闭[0]	▼
方向角*(Degree):	-360	⬍
是否为节能小区*:	非节能小区[0]	▼
小区调制状态*:	正常状态[0]	▼
上行RB干扰BitMap*:	00000000;00000000;00000000;00000000	…
下行RB干扰BitMap*:	00000000;00000000;00000000;00000000	…
广播寻呼CCE聚合度*:	4CCE+3DB[0]	▼
CCE聚合度*:	CCE聚合度自适应调整[4]	▼
噪声矩阵的类型*:	非对角阵[1]	▼
CP是否合并开关*:	否[0]	▼
最新修改时间:	2014-04-16 12:16:48	

CS Fallback到UTRAN时,优先采用的方式*:	PS切换[0]	▼
CS Fallback到GSM时,优先采用的方式*:	垂直向[2]	▼
CS Fallback到CDMA2000时,优先采用的方式*:	增强型CSFB(并发数据业务到HRPD的切换过程)[0]	▼
采样速率模式配置*:	0	⬍
服务小区CoMP功能开关*:	关闭[0]	▼
边缘用户/中心用户判定启动开关*:	关闭[0]	▼
Loadingtest开关*:	关闭[0]	▼
方向角*(Degree):	-360	⬍
是否为节能小区*:	非节能小区[0]	▼
小区调制状态*:	正常状态[0]	▼
上行RB干扰BitMap*:	00000000;00000000;00000000;00000000	…
下行RB干扰BitMap*:	00000000;00000000;00000000;00000000	…
广播寻呼CCE聚合度*:	4CCE+3DB[0]	▼
CCE聚合度*:	CCE聚合度自适应调整[4]	▼
噪声矩阵的类型*:	非对角阵[1]	▼
CP是否合并开关*:	否[0]	▼
最新修改时间:	2014-04-16 12:16:48	

图 2.20.23　配置服务小区

步骤 4：同步数据至基站

　　单击"配置管理"，选择"数据同步"。选择"整表同步"，单击"执行"。

步骤 5：数据备份

　　单击"配置管理"，选择"数据备份"，单击"备份"。

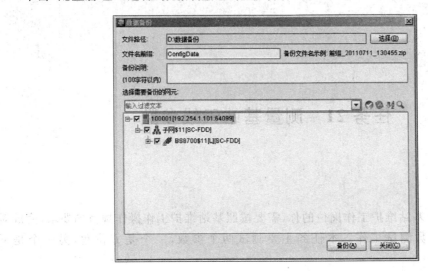

图 2.20.24　数据备份

五、任务成果

　　备份好的 FDD LTE 基站配置数据一份。

六、拓展提高

　　如何查看基站设备告警？

学习情境 3　维护、优化移动通信系统

任务 21　测量基站天线参数

一、任务介绍

作为初步踏上基站维护工作岗位的你，需要按照基站维护工作操作规范的要求，完成对 XX 基站天线的参数测试工作。本任务主要测试两个参数，一个是方位角，另一个是下倾角。

注意：该任务可以在实际基站铁塔下或室内模拟铁塔处完成，也可由教师指定某物体为天线，从而模拟操作完成实验。

二、任务用具

坡度仪若干、指北针若干、三扇区安装好的定向天线板（或其他模拟物体）。

三、任务用时

建议 4 课时。

四、任务实施

步骤 1：准备测量工具

　　1. 准备坡度仪

坡度仪如图 3.21.1 中左图所示。

　　2. 准备指北针

指北针外观和结构如图 3.21.1 中右图所示。

指北针部分由提环、度盘座、磁针、俯仰角度表、测角器等组成。在度盘座上划有两种刻线、外圈为 $360°$ 分划制，每刻线为 $1°$。度盘内有磁针、测角器、俯仰角度表。磁针是由一种永久磁性的铁器制成，其上涂有荧光剂的一端为磁针"N"极。

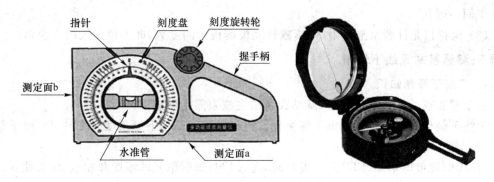

图 3.21.1　坡度仪结构(左)及指北针示意图(右)

步骤 2：测量基站天线方位角

1. 了解方位角知识

天线的方向性是指天线向一定方向辐射电磁波的能力。对于接收天线而言,方向性表示天线对不同方向传来的电波所具有的接收能力。天线的方向性的特性曲线通常用方向图来表示。方向图可用来说明天线在空间各个方向上所具有的发射或接收电磁波的能力。

移动基站天线的方向是天线主瓣方向;通常情况下,正北方向对应第一扇区,从正北顺时针转 120°对应第二扇区,再转 120°对应第三扇区,如图 3.21.2 所示。

2. 测量注意事项

指北针应尽量保持在水平面上。

指北针必须与天线所指的正前方成一条直线。

指北针应尽量远离铁体及电磁干扰源(例如各种射频天线、中央空调室外主机、楼顶铁塔、建筑物的避雷带、金属广告牌以及一些能产生电磁干扰的物体)。

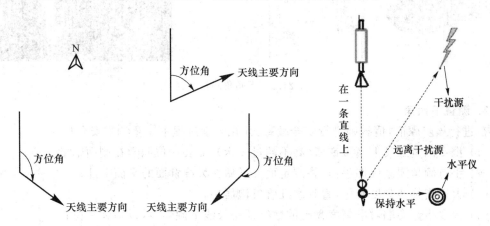

图 3.21.2　基站方位角及测量站位

3. 测量方位角

(1) 手握指北针,距离天线或铁塔适当距离以便瞄准;

(2) 使指北针的瞄准觇板与指北针顶部对准测试天线,具体是右手握紧仪器,手臂贴紧身体减少抖动,瞄准觇板指向天线主瓣辐射方向,左手调整长照准器和反光镜,转动指北针,使天线、瞄准觇板孔和镜子上的细丝,三者在同一直线上(也就是指北针主轴与天线主瓣方向处于同一轴线）；

（3）保持指北针圆水泡居中，则读磁针北极所指示的度数，即为该天线的方位角。

步骤3:测量基站天线下倾角

1. 了解下倾角知识

由于覆盖或网络优化的需要，基站天线的主波束需指向地面。

天线下倾包括机械下倾和电下倾两种。机械天线的最佳下倾角度为1°～5°。电下倾又分以下三种。

（1）固定波束电下倾（FET）：在设计时，通过控制辐射单元的幅度和相位，使天线主波束偏离天线阵列单元取向的法线方向一定的角度（如:3°、6°、9°等）。

（2）手调电下倾天线（MET）：在设计时采用可手动调节移相器，使主波束指向连续调节，不包括机械调节，可以达到0～10°的电调范围。

（3）遥控电下倾天线（RET）：在设计时增加了微型伺服系统，通过精密电机控制移相器达到遥控调节目的，由于增加了有源控制电路，天线可靠性下降，同时防雷问题变得复杂。

当机械调节角度超过垂直面半功率波束宽度时，基站天线的水平面波束覆盖将变形影响扇区的覆盖控制，需要使用电下倾天线。

下倾角测量方法如图3.21.3所示。

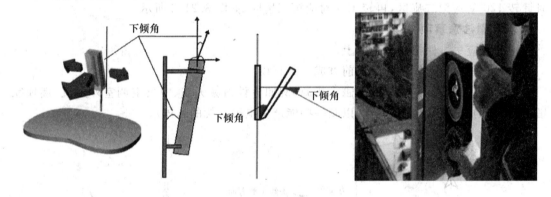

图3.21.3 下倾角测量示意

2. 测量下倾角

在进行该步骤前，请教师进行安全教育，并在教学过程中注意学生安全！

（1）携带测量工具上模拟铁塔（高不超过2米），需要一位同学在侧面辅助；

（2）手持倾角测量仪握手柄，将测定面a紧贴在天线背面的平面上部；

（3）大拇指旋转刻度旋轮，直到水准管气泡居中；

（4）读取指针尖端对准刻度盘上的数字即是天线下倾角，可以估读一位；

（5）重复第(2)～(4)步两次，测量天线中部、下部，将三个读数取平均值，精确至小数点后一位。

（6）分别测量1、2、3小区的下倾角，做好记录工作。

步骤4:填写基站信息表

将步骤2、3测得的方位角、下倾角填入任务单中。

五、任务成果

填写好参数的任务单一份。

六、拓展提高

如何站在侧面测试基站天线方位角？

任务 22　测试基站设备驻波比

一、任务介绍

天馈系统是移动基站的重要组成部分,测试天馈系统的驻波比是移动通信网络优化的关键工作。

基站天线与馈线的阻抗不匹配,或与发射机的阻抗不匹配,高频能量就会产生反射折回,并和正向波相互作用,发生驻波,在正向波和反射波相位相同的地方形成波腹,电压振幅相加为最大电压振幅 Vmax,在正向波和反射波相位相反的地方形成波节,电压振幅相减为最小电压振幅 Vmin。驻波比(SWR)是 Vmax 与 Vmin 之比,可用来表示天线和天馈系统的匹配程度,理想的驻波比值应该是 1,即没有反射,电信运营商规范中要求驻波比值小于 1.5,一般超过 1.2 就需要整改。

1. 频域特性测试原理:仪表按操作者输入的频率范围,从低端向高端发送射频信号,之后计算每一个频点的回波,后将总回波与发射信号比较来计算 SWR 值;

2. DTF 测试原理:仪表发送某一频率的信号,当遇到故障点时,产生反射信号,到达仪表接口时,仪表依据回程时间和传输速率来计算故障点,并同时计算 SWR 值。

作为初步踏上基站维护工作岗位的你,需要按照基站维护工作操作规范的要求,使用 Anritsu Sitemaster S331D 完成某基站天馈系统频域特性测试,并通过 DTF 进行故障点定位。

二、任务用具

安利 Anritsu Sitemaster S331D 测试仪、基站天馈线、测试线。

三、任务用时

2 课时

四、任务实施

步骤 1:熟悉测试仪

Anritsu Sitemaster S331D 测试仪面板如图 3.22.1 所示,1 区为功能键、2 区为软键区、3 区为硬键区、4 区为软键的菜单选项

步骤 2:测试前准备

1. 开机自检

按 ON/OFF 键(3 区)开机,设备进行自检。自检完毕后按 ENTER 键(3 区)或等待 15 秒左右设备可以开始工作,如图 3.22.2 所示。

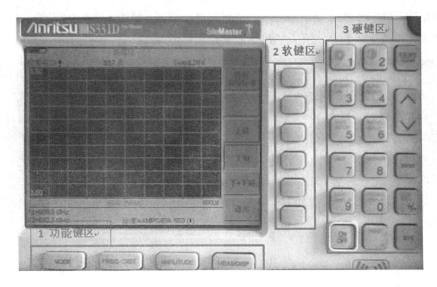

图 3.22.1　SITEMASTER S331D 测试仪面板

2. 选择测试频段和测量数值的顶线和底线

按 MODE 键（1 区），选择频率-驻波比，按 ENTER 键进入，如图 3.22.2 所示。

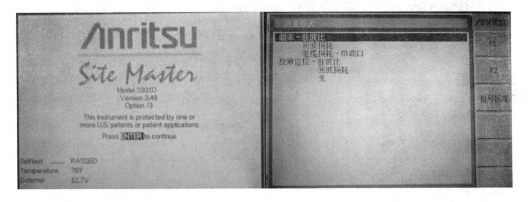

图 3.22.2　开机自检、进入测量模式

按 F1 软键和 F2 软键输入所需要测量的频段，如图 3.22.3 所示。

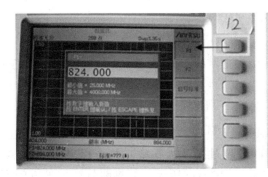

图 3.22.3　选择测量频段

按 AMPLITUDE 键(1区)进入选择顶线与底线菜单,如图3.22.4所示。一般情况下,底线选择为1.00,顶线选择为1.50(驻波比超过1.5就表明此天馈部分不合格)。

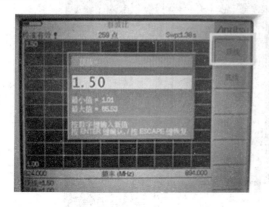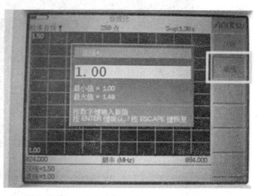

图 3.22.4 选择顶线和底线

3. 校准

选择频段后,将校准器与测试端口边接好,按 3.START CAL 键(3区)进入校准菜单,按 ENTER 键开始进行校准,如图3.22.5所示。

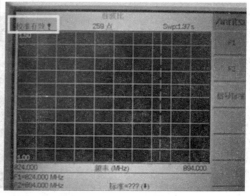

图 3.22.5 进入校准、校准完成

校准完成后在屏幕的左上方会出现"校准有效"字样,如图3.22.7所示。校准好之后就可以开始测量驻波比了。

步骤 3:测试连接

将测试跳线接到测试端口,使用相应的转接头把跳线与所测试的天馈部分连接,完整的连接如图3.22.6所示。

步骤 4:驻波比(SWR)测试

连接好后会出现测试波形,按 8.MARK 键(3区)进入标记菜单,再按 M1 软键,选择"标记到波峰",在左下方屏幕读取驻波最大值(不超过1.5为正常),符合标准的结果如图3.22.7中左图所示,不符合标准的结果如图3.22.7中右图所示。如果测量结果没有问题,可以将测量结果储存,如果测量结果有问题,则需要进行故障定位,判断故障点。

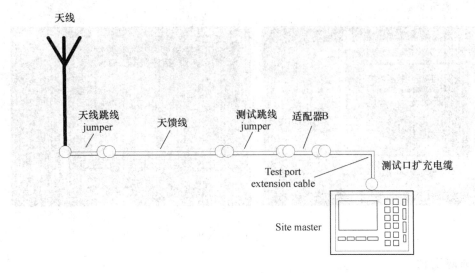

图 3.22.6　天馈线测试连接

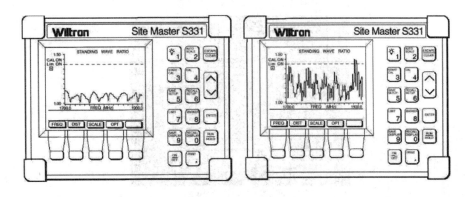

图 3.22.7　符合要求的测试波形(左)、不符合要求的测试波形(右)

步骤 5:保存/提取测试记录

　　按 9. SAVE DISPLAY 键(3 区)进入储存菜单,如图 3.22.8 所示,利用软键和数字键输入保存文件的名称。

图 3.22.8　软键和数字键

按 0. RECALL DISPLAY 键(3 区)可以进入读取记录菜单,用键选择需要读取的文件,如图 3.22.9 所示。

图 3.22.9　选择读取文件

步骤 6:故障定位

按 MODE 键(1 区),选择故障定位-驻波比菜单,按 ENTER 进入,如图 3.22.10 所示。

图 3.22.10　进入故障定位状态

按 D1 和 D2 键选择测量距离,设定值需要比天馈的实际长度要大点,如图 3.22.11 所示。

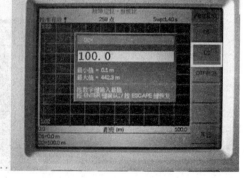

图 3.22.11　选择测量距离

选择 8.MARK 键,选择 M1,标记到波峰,从左下角屏幕读 M1 测量数值,定位故障所在位置,如图 3.22.12 所示。

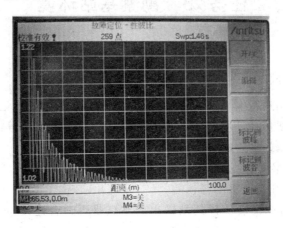

图 3.22.12　故障定位结果

五、任务成果

1.本次任务参数设置列表。

2.频域特性测试结果图及其分析。

3.DTF 故障定位结果图及其分析。

六、拓展提高

请分析造成驻波比指标不符合要求的原因有哪些。

任务 23　勘察基站环境

一、任务介绍

基站勘察是对基站进行实地勘测和观察,并进行相应数据采集、记录和确认工作。其主要目的是为了获得无线传播环境、天线安装环境以及其他共站系统等情况,以提供给网络规划工程师相应信息。基站勘察的主要内容如下。

1. 话务区分布勘察:包括基站周围建筑物类型(商业区、居民区、厂矿等)、人群类型、人口密度估计、经济情况和消费水平等;

2. 基站选址:通过勘察确认预规划输出的站点是否适合建站,如不适合,在附近重新选点;

3. 无线传播环境勘察:包括周围环境、周边建筑物情况、干扰、阻挡物、建议天线挂高、方位角等;

4. 工程勘察:包括机房位置、天面环境、建议天线安装位置等;

5. 信息采集:采集站点的经纬度、海拔高度、基站所在大楼高度。

作为初步踏上设计工作岗位的你,需要按照无线专业设计工作操作规范的要求,完成对XX基站的实地环境勘察,做好勘察记录,并根据勘察结果填写表格,绘制草图。

二、任务用具

GPS接收机、数码相机、指北针、钢卷尺、笔记本电脑、室外测距望远镜、室内激光测距仪。

三、任务用时

建议6课时。

四、任务实施

步骤1:勘测前准备

1. 收集相关资料:包括工程文件、背景资料、现有网络情况、当地地图、最新的网络规划基站勘测表和相关人员信息。

2. 准备勘查工具、确保工具工作正常:其中笔记本电脑、GPS卫星接收机、指北针、卷尺、数码相机和激光测距仪为必备工具。

步骤2:学会使用各种测量工具

1. 使用指北针

在无线网络勘察中,使用指北针是为了获得基站扇区的方位角。有一些指北针还有测量天线下倾角的功能,指北针还可用于指示拍照方位。

（1）测量天线方位角

打开指北针，平行放置，指北针的零刻度线和带一点的指针在一条直线上（如图 3.23.1 圈中所示），指针所指方向为北向（即磁北）。注意有的指北针是白针指北，有的是黑针指北，应以指针上带一点那端为准。

图 3.23.1　指北针白针指北

测试员站在天线前（后），保持目光和天线垂直，双手平托指北针，保证指北针和天线平面垂直，则指针所指刻度即为该天线的方位角。注意在使用指北针过程中不要在强磁场周围使用，不要把指北针放在带金属的平台上（包括铁塔上）和金属物周围使用，在这些地方使用会影响指北针的定位精度。

（2）测量天线下倾角

打开指北针，把其平直的侧面放在已安装天线的后平面，然后通过指北针后面的机械手调整水平仪，直至水平仪处于水平状态，此时与水平仪旁的白点指示的刻度度数（内刻度盘）就是天线的下倾角。

2. 使用 GPS 接收机

使用 GPS 接收机可以测量站点的经纬度、海拔高度等信息。

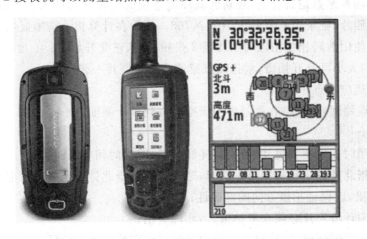

图 3.23.2　GPS 接收机面板、卫星定位屏幕显示及激光测距仪

GPS 是 1994 年全面建成的全球定位系统（Global Positioning System），它由空间星座、地面监控和用户设备等三大部分组成。GPS 目前共有 25 颗卫星，在距地两万多公里的 6 个椭圆轨道上环绕运行，GPS 接收机通过相位跟踪捕获、锁定卫星信号、采集各卫星星历、测量伪距、定位解算出接收机所处位置的经纬度和海拔高度。捕获 3 颗卫星可以 2D 定位，

捕获 4 颗以上卫星可以 3D 定位,捕获的卫星越多定位精度越高。

本任务采用 Garmin 629sc GPS 接收机,其面板功能如图 3.23.2 所示。基本操作如下。

(1) 在楼顶铁塔预安装位置,手持 GPS 接收机,开机后单击"输入"键进入主菜单。

(2) 通过上下键选择,找到"卫星"页面,按下"输入"键进入,查看卫星信号状态及经纬度信息。

(3) 记录左上角的经纬度信息,填入勘察表格。

3. 使用激光测距仪

激光测距仪的使用是为了获得基站天线挂高,天线的挂高是指天线到地面的距离。在城市中,一般情况下基站是建在楼房天面上,这样我们就需要测量楼房的高度,以及天线到天面的高度,从而获得天线的挂高。当天线设在落地铁塔上时,可以直接测量天线的挂高。

本任务采用博世牌激光测距仪(70 米),其面板功能如图 3.23.3 所示。基本操作如下。

(1) 将测距仪放置在测量位置。

(2) 按红色三角处按钮,在显示屏上即可读数。

激光测距仪由于采用激光进行距离测量,而脉冲激光束是能量非常集中的单色光源,所以在使用时不要用眼对准发射口直视,也不要用瞄准望远镜观察光滑反射面,以免伤害人的眼睛。使用完后应关断电源,放回包装套内,避免在阳光下暴晒。

图 3.23.3　博世牌激光测距仪

4. 数码相机的使用

数码相机是重要的信息记录辅助工具,站点勘察过程中,需要用到数码相机,记录站点的环境信息,保存为以后规划分析和信息查询。拍摄的照片是项目负责人判断勘察站点是否合适、规划区域环境适用的传播模型的重要手段。为了获得足够清晰的环境照片,记录像素不低于 1024×768。便于在计算机上清晰显示。

本任务要求使用数码相机拍摄周围环境 8 张照片,从正北开始,每 45 度一张;天面照片多张,根据天面的大小可分开拍摄;候选站点建筑物外观照片一张。

使用数码相机应注意:

(1) 拍摄站点周围环境时,在取景窗中天空应占到整个画面的 1/4~1/5,注意保持画面中地平线的水平;

(2) 注意拍照时相机不要晃动,特别是光线较暗,曝光时间较长时;

(3) 在使用指北针确定相机拍摄方向时,建议先根据指北针确定一个参照物,再使用相机根据参照物拍摄,以保证拍摄方向的准确性;

(4) 站点周围环境照片必须水平拍摄,不允许竖拍;

(5) 拍摄站点周围环境时,建议在相应的天线建议安装位置处拍摄;

(6) 拍摄楼面时,要求必须包括整个楼面 90% 以上的面积,规划的天线位置必须拍到,如果共站 G 网天线、走线架位置必须拍到,可通过拍摄多张照片的方式满足要求,需要在名字中说明照片为天面的哪一部分;

(7) 候选站点建筑物外观照片要求能够看到整个建筑物;

(8) 拍摄的照片中,不能有勘察人员或客户人员;

（9）每个站点照片拍完以后，带液晶显示的相机必须对该站点的所有照片浏览一次，以确保所有照片正确拍摄；光线较暗时，可以调整相机的清晰度以提高相片的质量。

步骤 3：进行机房内勘察

1. 测量机房长、宽、高（梁下净高）；

2. 测量门、窗、立柱和主梁等的位置和尺寸；

3. 判断机房建筑结构、主梁位置、承重情况（BTS 机柜承重要求 $\geqslant 600\ \mathrm{kg/m^2}$，一般的民房承重在 $200 \sim 400\ \mathrm{kg/m^2}$，需采取措施增加承重）；

4. 查看机房内已有设备的位置、设备尺寸、设备生产厂家、设备型号；

5. 查看交直流供电和室内接地情况；

6. 测量走线架、馈线窗的位置、高度；

7. 查看其他障碍物位置并测量尺寸；

8. 尽可能考虑机房设备摆放的各种方案，从中选择确定机房设备布置方案、室内走线架布置方案。

机房环境要求如表 3.23.1 所示。

表 3.23.1　机房环境要求

勘察项目	要求说明
门窗	使用双层外包边钢制防盗门，内部填充防火材料；窗户原则上用防火板封死，对于不允许封死的窗户要用进行密封，玻璃表面贴防晒膜处理
照明	为便于施工和维护，$20\ \mathrm{m^2}$ 左右可采用 4 个 40 W 的吸顶灯
墙面	不允许有开裂现象，并进行防漏、防潮处理
供电接入	一般采用三相四线制直接引入交流 380 V 供电，室内需有 220 V 的交流电源插座，以供后期维护使用
水暖管道	原则上机房内部水暖管道和阀门全部拆除，不能拆除的需进行防漏处理
地面	尽量避免采用预制板结构，机房楼板承重应大于 $600\ \mathrm{kg/m^2}$

步骤 4：进行机房外勘察

1. 记录机房所在楼层；

2. 查看基站机房相对整体建筑的位置；

3. 查看建筑物的外观结构；

4. 查看铁塔情况及相对位置；

5. 查看天馈及馈线走向；

6. 查看市电引入，室外接地；

7. 确定方向（注意：用指北针定方向时，不要将指北针放置于楼面上测量，尽量远离铁塔及较大金属体，最好在多点确认）。

天面勘察内容如表 3.23.2 所示

表 3.23.2　天面勘察内容

项目	内容	说明
高度测量	测出建筑物和天线的高度	此高度为距离地面高度
天面环境	绘制天面平面示意图	现场可绘制草图
	机房位置	如机房设置在天面上应记录其位置
	天面的建筑物	对天面上的阁楼、楼梯间等建筑物进行记录
	新建天线安装位置	在天面示意图中记录安装位置和尺寸
	共站天线位置	如天面上存在其他系统天线应作记录
	障碍物	天面如有广告牌等障碍物应作记录
共站系统信息采集	天线参数	记录共站天线的方位角、下倾角、频段、类型、运营商和系统名等信息
	位置信息	勘察新建天线与共站天线间的水平、垂直间距
	共站天线的连线示意图	如无法由运营商处获得共站天馈系统连线图,可现场勘察绘制
拍照	覆盖目标图	如果已拍摄的站址周围传播环境照片不能反映新建天线覆盖目标,需补充拍摄

步骤 5:填写基站查勘表

基站查勘时需将查勘得到的信息记录在规范的表格中,所附表格基本上涵盖了基站查勘时需记录的全部信息。由于运营商和每期工程的要求不同,勘察时可根据工程情况进行调整和简化,本任务的基站查勘信息请记录在附录 1 附表 1.1 中。

步骤 6:绘制草图

现场草图绘制要求至少需记录或设计 2 张草图:机房平面图和天馈安装示意图。如仍无法说明基站总体情况时可增加馈线走线图、建筑物立面图和周围环境示意图。草图应画得较为工整,信息越详细越好。

"机房平面图"应记录的有关信息如下。

1. 已有机房

(1) 机房长宽高尺寸,门、窗、梁(上、下)、柱等的位置、尺寸(含高度);指北方向;如为多孔板楼面的应标明孔板走向,便于加固设计及设备摆放布置。

(2) 室内如有其他障碍物(管子等),应注明障碍物的位置、尺寸(含高度)。

(3) 走线架、馈线窗、室内接地排、交流配电箱、浪涌抑制器等的位置、尺寸(含高度)。

(4) 机房如需改造,应详细注明改造相关的信息,需新增部分走线架的应有设计方案并与原有走线架相区别。

(5) 已有设备(含空调、蓄电池等)的平面布置,设备尺寸(含高度)等。

(6) 新增设备(含空调、蓄电池等)的平面布置,设备尺寸(含高度)等。

(7) 馈线及电缆路由。

(8) 在平面图适当地方画出馈线孔及室内接地排使用情况图,如不能满足本期工程要求,需说明如何改造或新增。

(9) 在平面图适当地方画出空开分配情况图,说明每路空开下挂的设备情况,剩余空开的路数、容量能否满足本期工程新增设备的要求,如不能满足需说明如何改造。

（10）在机房时应从不同角度拍摄机房照片，必要时对局部特别情况拍摄照片记录以帮助日后记忆。

（11）如蓄电池需升级，则提出升级方案。

（12）如无法确认机房有无承重问题，应提醒建设单位对承重进行核算和加固。

2. 新机房(租用、自有)

（1）机房长宽高尺寸，门、窗、梁(上、下)、柱等的位置、尺寸(含高度)；指北方向；如为多孔板楼面的应标明孔板走向，便于加固设计及设备摆放布置。

（2）室内如有其他障碍物(管子等)，应注明障碍物的位置、尺寸(含高度)。

（3）设计走线架、馈线窗、室内接地排、交流配电箱、浪涌抑制器等的布置位置、尺寸(含高度)。

（4）设计新增设备(含空调、蓄电池等)的平面布置；空调室外机的放置位置。

（5）馈线及电缆路由。

（6）在机房时应从不同角度拍摄机房照片，必要时对局部特别情况拍摄照片记录以帮助日后记忆。

（7）如无法确认机房有无承重问题，应提醒建设单位对承重进行核算和加固。

（8）确定油机切换箱和电表箱的位置。

3. 新机房(新建)

（1）应清楚标明指北方位、机房建造位置(相对于参照物)、机房尺寸(含高度)、机房与塔桅的相对位置、机房门所开位置、馈线爬梯(含高度)，馈线窗(含高度)。

（2）设计走线架、馈线窗、室内接地排、交流配电箱、浪涌抑制器等的布置位置、尺寸(含高度)。

（3）设计新增设备(含空调、蓄电池等)的平面布置等；空调室外机的放置位置。

（4）馈线及电缆路由。

（5）应从不同角度拍摄机房及塔桅建造位置照片。

（6）确定油机切换箱和电表箱的位置。

"天馈安装示意图"应记录的有关信息如下。

1. 落地塔

（1）对已有落地塔，需详细记录铁塔塔型，铁塔与机房的相对位置，馈线路由(室外走线架及爬梯)，各安装平台的高度、直径、抱杆及方位，所有已安装天线(包括微波、寻呼等)的具体安装位置、高度、方位。

（2）设计需安装天线(包括微波等)的安装位置、高度、方位、下倾角。

（3）应从不同角度拍摄铁塔及已安装天线的照片。

（4）对新建铁塔，需设计铁塔塔型，铁塔与机房的相对位置，馈线路由(室外走线架及爬梯)，各安装平台的高度、直径、抱杆及方位。

2. 已有屋顶桅杆基站

（1）屋顶总体平面图，尺寸应尽可能详细。如屋顶有楼梯间、水箱、太阳能热水器、女儿墙等的位置及尺寸(含高度信息)，梁或承重墙的位置，机房的相对位置等。如建筑物结构复杂，应另画"建筑物立面图"以说明。

（2）周围 50 米以内的障碍物与本基站的相对位置。附近高压线、变电站、加油站、煤气站、医院、幼儿园、小学或其他敏感设施与本基站的相对位置。如同一张图上无法体现,应另画"周围环境示意图"以说明。

(3) 现有塔桅在屋顶的准确位置、高度;各系统天线的安装位置、安装高度、大致方位角和下倾角;室外走线架及馈线爬梯位置、尺寸;馈线走线路由;馈线下爬与机房馈线入口洞的相对位置;室外接地排位置等。

(4) 如塔桅需改造则需设计塔桅改造方案、尺寸。

(5) 设计天馈(含 GPS 天馈)安装位置(含高度信息)、方位、下倾角。

(6) 楼体防雷接地网情况,记录接地点可选位置,考虑防雷接地方案。

(7) 如馈线走线路由复杂,同一张图中无法体现,应加画"馈线走线图"。

(8) 必要时对局部特别情况拍摄照片记录以帮助日后记忆。

3. 新建屋顶桅杆基站

(1) 屋顶总体平面图,尺寸应尽可能详细。如屋顶有楼梯间、水箱、太阳能热水器、女儿墙等的位置及尺寸(含高度信息),梁或承重墙的位置,机房的相对位置等。如建筑物结构复杂,应另画"建筑物立面图"以说明。

(2) 周围 50 米以内的障碍物与本基站的相对位置。附近高压线、变电站、加油站、煤气站、医院、幼儿园、小学或其他敏感设施与本基站的相对位置。如同一张图上无法体现,应另画"周围环境示意图"以说明。

(3) 塔桅设计:塔桅在屋顶的准确位置、高度及塔桅结构;设计天线(含 GPS 天线)的安装位置、安装高度、方位角和下倾角;室外走线架及馈线爬梯位置;馈线走线路由;馈线下爬与机房馈线入口洞的相对位置;室外接地排位置等。

(4) 楼体防雷接地网情况,记录接地点可选位置,考虑防雷接地方案。

(5) 如馈线走线路由复杂,同一张图中无法体现,应加画"馈线走线图"。

(6) 必要时对局部特别情况拍摄照片记录以帮助日后记忆。

在屋顶应同时记录站址经纬度并拍摄周围环境照片。环境照片从正北开始,每隔 45 度照 1 张,共 8 张。

五、任务成果

1. 记录信息的勘察表。
2. 绘制的机房平面图。
3. 绘制的天馈安装示意图。

六、拓展提高

除方位角、下倾角外,天线的主要参数还有哪些?

任务 24　搭建优化测试环境

一、任务介绍

网络优化技术人员经常需要对某基站覆盖情况通过路测进行调查,路测需要测试手机,GPS 接收机以及安装有路测软件的便携式电脑等配套环境。测试手机用于完成不同类型的呼叫;GPS 接收机用于确定路测的地理位置;路测软件分前台测试软件和后台分析软件两种。前台测试软件主要用于路面现场的测试和路测数据采集,后台分析软件则用来处理路测采集的数据和对网络问题的图像及信令分析。

本任务要求刚踏上优化工作岗位的你,按照无线网络优化工作的需要,安装所需的设备和软件,为完成对某片区覆盖环境的路测做好准备。

二、任务用具

笔记本电脑、鼎利路测软件安装光盘、软件加密狗、USB 一转四适配器、测试手机数据线、测试用手机、GPS 接收器。

三、任务用时

建议 2 课时。

四、任务实施

步骤 1:安装鼎利前台测试软件 Pilot Pioneer

Pilot Pioneer 的安装通过一个自动安装向导进行,在安装过程中提供自动提示界面。把安装光盘插入光盘驱动器中,浏览安装光盘 Pioneer 目录并双击 Setup.exe 文件图标即开始安装,程序将引导同学们完成整个安装过程,操作步骤如下。

1. 进入安装向导页面,如图 3.24.1 所示,单击"Next"继续安装,进入下一界面。

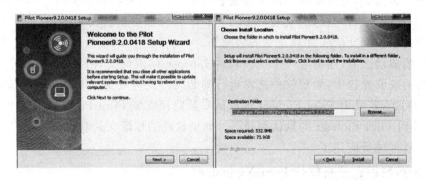

图 3.24.1　安装向导

2. 选择安装路径,单击"Browse…"更改安装路径,单击"Next"继续安装。

3. 指定 Pilot Pioneer 的快捷方式在"开始—程序"中的位置,单击"Next"继续安装。

4. 单击"Install"按钮开始进行 Pilot Pioneer 的安装;

安装完成页面及驱动安装页面如图 3.24.2 所示。

图 3.24.2　安装完成页面及驱动安装页面

5. 安装前将加密狗插入电脑 USB 接口,安装过程中自动加载加密狗驱动,图 3.24.3 中,所有驱动全部勾选,安装成功后单击"确定"按钮,

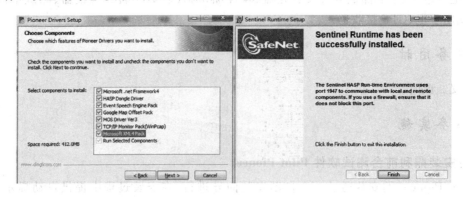

图 3.24.3　加密狗驱动加载及安装完成界面

6. 安装成功以后,弹出安装成功的提示信息,单击"Finish"按钮完成软件安装。

安装软件结束后,会自动弹出两个要安装的软件,分别为:"MSXML 4.0 SP2"和"Win-Pcap4.0.2",这两个软件是每次安装 Pilot Pioneer 软件都要重新安装的,完成以上的安装,前台测试软件 Pilot Pioneer 才算正常安装完毕。

软件安装成功之后,还需要一个代表软件 License 权限的文件"Pioneer.lcf",这个文件一般在软件的安装光盘中,要想软件正常运行则必须将其拷贝到 Pilot Pioneer 安装目录的根目录下。例如,若采用 Pilot Pioneer 的默认安装路径安装 Pilot Pioneer,则需将 Pioneer.lcf 文件拷贝到 Pilot Pioneer 的默认路径下。如果软件的权限文件和软件加密狗配对正常,就可以打开软件进行应用了。

步骤 2:安装鼎利后台分析软件 Pilot Navigator

后台分析软件与前台测试软件的安装过程类似,这里不再赘述。

步骤 3：硬件设置

1. 安装 USB 一转四适配器

测试电脑应至少有四个 USB 接口，如果 USB 接口少于四个，应准备 USB HUB 连接测试设备，USB HUB 通过电脑 USB 口转接出四个 USB 口，其扩展出的 USB 口可用于连接 GPS、测试手机等设备。在对其使用前需要安装相应的驱动程序，驱动安装完成后将 GPS、测试手机等设备接入 USB 口，电脑会自动分配 4 个端口号，这些端口号分别对应于适配器上的编号，该适配器接在不同的电脑或者不同的 USB 口上，分配的端口号会发生变化，可通过设备管理器查看分配情况。例如，在图 3.24.4 中，USB 一转四的端口 1、2、3、4 对应的四个端口分配情况如图 3.24.4 所示。

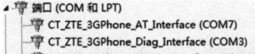
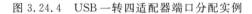

图 3.24.4　USB 一转四适配器端口分配实例　　　　图 3.24.5　GPS 接收天线

2. 设置 GPS

GPS 用于采集地理化信息，鼎利软件支持所有 NMEA0183 协议的 GPS 设备。本任务采用磁吸式 GPS，其外观如图 3.24.5 所示。

3. 安装测试手机

测试手机接上电脑一般会自动完成驱动程序的安装，安装完成后电脑会识别出一个 modem 和一个测试端口，可通过设备管理器查看，如图 3.24.4 所示，其中 modem 用于拨号上网，测试端口用于软件设备连接进行数据采集。

步骤 4：语言设置

双击"Pilot Pioneer"和"Pilot Navigator"，查看能否启动软件，如能正常启动软件，进入界面后单击菜单"view"—"Language"将语言设置为中文，如图 3.24.6 所示。

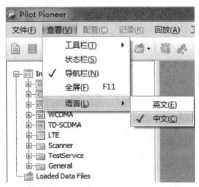

图 3.24.6　选择语言为中文

五、任务成果

1. 后台分析软件安装过程的截图。
2. 各类驱动程序安装截图。
2. 各种测试设备对应的端口截图和说明。

六、拓展提高

请自学 MAPINFO 的简单用法,利用工参表和 SITESEE 插件制作某市基站分布图。

任务 25　CDMA DT/CQT

一、任务介绍

基站发出的载波信号在空中传播过程中，由于地形、建筑物及其他一些环境因素的影响，或者由于实际建设时基站选址上的不确切性及网络运行中基站周围环境发生了较大变化的因素的影响，使得系统实际建成以后的覆盖情况发生了较大的变化。另外，网络运行的情况随时在变化，设备损坏、网络扩容、用户数增加以及大型会议引起话务量的临时变化等都会影响网络的运行质量。要了解用户的实际通话效果和质量，只从 OMC 读取 PM 报告是不够的，必须进行 DT 测试。

DT(Driving Test)简称路测，是指使用测试设备沿指定的路线移动，进行不同类型的呼叫，记录测试数据，统计网络测试指标，主要测试用户吞吐量、FER、SCH 速率分布、手机发射功率等。

DT 和 CQT 测试是网络优化的主要手段之一，DT 测试主要是对整网进行测试，宏观地掌握网络的整体情况；CQT 测试作为 DT 测试的补充，主要对室内环境、热点等地区，针对网络的特点和需要进行相关的测试。CQT(Call Quality Test)原意是指呼叫质量拨打测试，也指在固定的地点测试无线数据网络性能，专业术语中又把 CQT 称为"点测"，包括呼叫建立测试、休眠重激活测试、传输时延测试等。

本任务要求刚踏上优化工作岗位的你，按照无线网络优化工作的需要，使用任务 24 搭建好的环境，在车载模式下用测试手机进行语音短呼业务测试，并用 Pioneer 前台测试软件进行数据采集和数据分析，完成 DT 测试；在指定的测试点，对指定运营商及网络的 CDMA 语音业务进行拨打测试，并用测试软件进行数据采集和数据分析。

1. DT 测试要求

(1)测试时保持车窗关闭，测试手机置于车辆第二排座位中间位置，任意两部手机之间的距离必须≥15 cm，并将测试手机水平固定放置，主、被叫手机均与测试仪表相连，同时连接 GPS 接收机进行测试；

(2)采用同一网络手机相互拨打的方式，手机拨叫、接听、挂机都采用自动方式；

(3)每次呼叫建立时长为 15 s，通话保持时长为 90 s，呼叫间隔 15 s；如出现未接通或掉话，应间隔 15 s 进行下一次试呼。接入超时为 15 s。

2. CQT 测试要求

(1)采用同一网络手机相互拨打的方式，手机拨叫、挂机、接听均采用自动方式；

(2)每个采样点拨测前，要连续查看手机空闲状态下的信号强度 5 s 钟，若 CDMA 手机的信号强度连续不满足 Ec/Io≥−12 dBm 和 RxPower≥−95 dBm，则判定在该采样点覆盖不符合要求，不再做拨测，也不进行补测，同时记录该采样点为无覆盖，并纳入覆盖率统计；若该采样点覆盖符合要求，则开始进行拨打测试；

(3)在每个测试点的不同采样点位置做主叫、被叫各 5 次，每次通话时长 60 s，呼叫间隔 15 s；如出现未接通或掉话，应间隔 15 s 进行下一次试呼；接入超时为 15 s。

二、任务用具

安装有鼎利 Pilot Pioneer 的便携式电脑、软件加密狗、USB 一转四适配器、测试数据线、测试手机(含测试卡)、GPS 接收器、基站信息表、电子地图、测试车辆。

三、任务用时

建议 4 课时。

四、任务实施

前台测试软件可以进行数据测试采集、测试信号覆盖范围和服务质量测试及发现无线网络中的问题,实时显示收集的数据,并可以在测试过程中或测试后回放数据。任务实施前学生应了解使用鼎利 Pilot Pioneer 进行测试的流程,如图 3.25.1 所示。

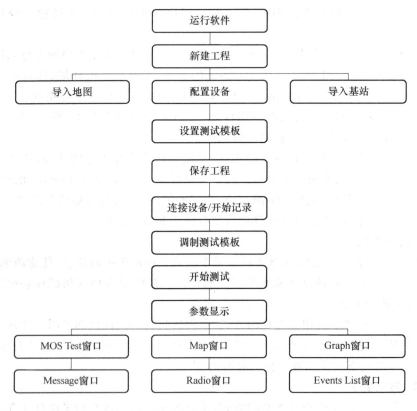

图 3.25.1 测试流程

步骤 1:新建工程

打开软件后会自动弹出窗口,如果是第一次使用该软件,请选择"创建新的工程"来新建一个工程。然后单击"配置"—"场景管理"—"CDMA 1X"调用场景,如图 3.25.2 所示。

工程是用来进行所有相关数据管理、维护的基本单位,它包括所有的测试数据、地图数据、基站数据和所有设置参数。一个工程的建立没有特殊的原则,测试人员可以以一个相对独立的特定区域作为一个工程,如一个 BSC 区域、一个 MSC 区域;也可以以一个特定区域的不同运营商作为一个工程。

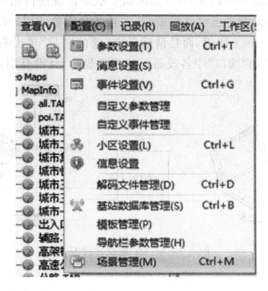

图 3.25.2　场景管理菜单

选择新建工程之后,在 Project Configure 窗口下需要配置如下几个地方,如图 3.25.3 所示。选择 Path of LogData 原始数据保存路径,其他选项均可使用默认值,建议原始数据保存路径和工程文件保存路径一致,以避免找不到数据的情况发生。

- "Path of LogData"→原始数据保存路径;
- "Release LogData Interval(Min)"→测试中内存数据释放时间;
- "GUI Refresh Interval(ms)"→Graph 窗口刷新间隔;
- "Message Filter Interval(ms)"→解码信令时间间隔;
- "Save Decoded LogData"→是否实时保存解码数据在计算机硬盘上。

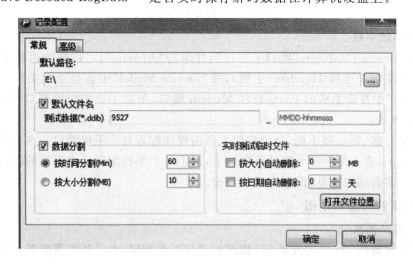

图 3.25.3　工程设置窗口

步骤 2：配置硬件设备

当一个工程保存后，即可开始对 GPS 和测试手机等设备进行相应配置。在配置设备之前，请确保各个硬件设备的驱动已经正确安装，并且各个需要使用的硬件设备已经连接到电脑的正确端口上，如图 3.25.4 所示，而且请确保在"我的电脑"单击右键，选择"管理"—"设备管理器"中的"Modem"和"端口"中各设备已经正常显示，且没有端口冲突。

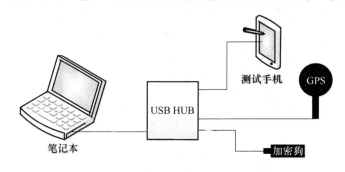

图 3.25.4　DT 测试连接图

1. 配置 GPS

DT 需要 GPS 来得出测试轨迹，在软件左侧导航栏中选择"设备"项中的"Devices"双击（或在软件菜单中选择"设置"—"设备"），在 GPS 的"Device Model"中选择 GPS 类型为"NMEA 0183"，在"Trace Port"中选择 GPS 的端口，GPS 端口可以通过"System Ports Info"进行查看，如图 3.25.5 所示。

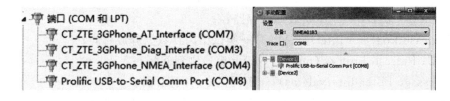

图 3.25.5　配置 GPS 设备

2. 配置测试手机

在"Test Device Configure"窗口下方找到并单击"Append"，可以继续进行测试手机的添加。在下拉菜单中选择 Handset（手机），在"Device Model"中选择手机类型，再在"System Ports Info"中查看手机的 Ports 口和 Modem 端口，配置手机相应的端口，如图 3.25.5 及图 3.25.6 所示。

如果有第二部、第三部手机，分别按照上面的操作配置各个手机端口。在有多个手机需要连接的情况下，要一部一部手机插到电脑上，插上一个手机配置一个手机的端口。这样可以避免手机太多而端口混乱，配置出错的情况。

步骤 3：导入基站信息和地图

1. 导入基站信息

测试前应准备好 txt 格式或者 xls 格式的基站工参数据，本任务所需的某片区覆盖范围内的基站信息文件可以由指导教师提供给学生。单击主菜单栏"编辑"—"基站数据库"—"导入"，打开基站数据的网络选择窗口，选择网络类型"CDMA"，选择基站工参数据，如图

3.25.6 所示。

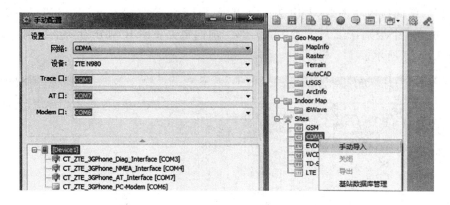

图 3.25.6　配置测试手机、选择基站类型和基站数据

　　导入成功后在软件左下角选择"工程"对应的栏，将"Sites"中的"CDMA"拖入"map"窗口中。在工具栏中单击"　　"按钮，选择"CDMA Sites"弹出窗口对"map"窗口中的基站格式进行设置。

2. 导入地图

　　单击主菜单栏"编辑"—"地图"—"导入"打开地图导入窗口，如图 3.25.7 所示，选择地图类型并单击"OK"按钮，会打开查找本地路径的地图选择窗口，选择准备好的地图数据进行导入，本任务所需的某片区覆盖范围的地图数据可以由指导教师提供给学生。导入地图及工参之后的工作区如图 3.25.8 所示。

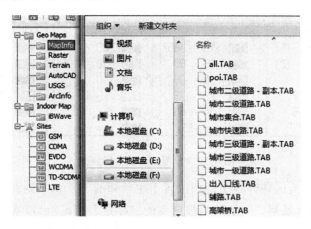

图 3.25.7　地图导入

　　Pilot Pioneer 支持多种格式的地图，例如可以导入 Mapinfo 格式的文件，最下面的"None Earth Img"选项可以导入准备好的图片文件，例如 Bmp、Jpg、Gif 等，使用该功能，可以实现室内路测，或者在没有地图的情况下给路测配上地图数据。

步骤 4：覆盖参数管理和维护

　　电信 CDMA 1X 项目 DT 路测主要针对 Ec/Io、Rx、Tx、FFER 等进行测试。DT 测试的目的是检验在覆盖区域和测试路线上的主导频 Ec/Io、前向接收功率 Rx、手机发射功率

Tx、前向链路 FFER 等是否满足要求。主导频 EC/IO 划分为 5 个级别：−5、−7、−9、−12、−15。前向接收功率 Rx 划分为 5 个级别：−65、−75、−85、−90、−95。手机发射功率 Tx 划分为 5 个级别：−20、−10.0、10.20。前向链路 FFER 划分为 5 个级别：1、2、3、5、10，如图 3.25.9 所示。

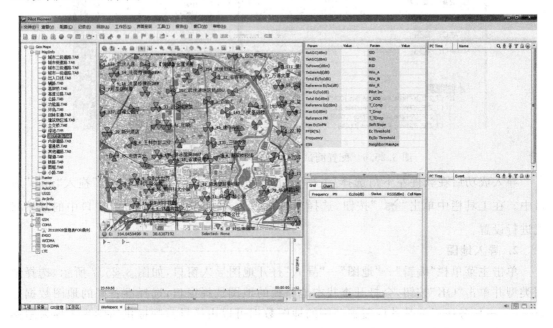

图 3.25.8　导入地图及工参之后的工作区

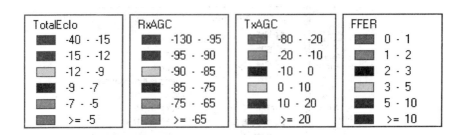

图 3.25.9　覆盖参数级别划分

通过测试得到覆盖区域内各个地理位置上主导频的 Ec/Io，同时结合测试的 Rx、Tx 情况，判断该区域的覆盖效果。一般认为被测点的主导频 Ec/Io⩾−12 dBm& 反向 Tx_ AGC ⩽20 dBm& 前向 Rx⩾−85 dBm 的采样点，就认为该点满足覆盖要求。

对新建前、新建后 DT 测试数据进行对比，分析新建前后该区域信号覆盖情况，并用截图工具截出测试的 Ec/Io、Rx、Tx、FER 等分布图，将覆盖效果变好或变差的路段都在图上标注，并给出尽可能详细描述，以便于对问题的分析。

在新建工程时，测试软件每个参数建立有缺省的覆盖显示设置，如果需要修改一个参数的覆盖显示方式，可以先在 Fields Legend Setting 框中选择相应的参数名（通过菜单栏的"设置"—"常规设置"—"阈值"打开 Fields Legend Setting 框），然后单击"田 ﹣"并通过键盘增加或减少分段值，如图 3.25.10 所示。

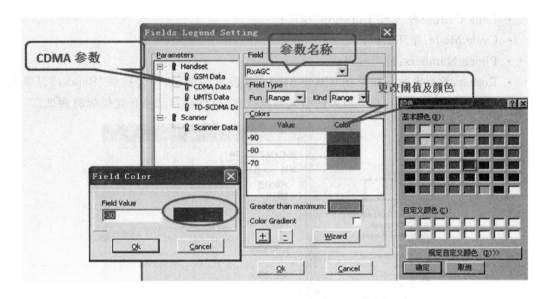

图 3.25.10　修改覆盖显示方式并设置颜色

在输入一个新的分段值后,可以单击颜色框进行颜色设置,如图 3.25.10 所示。

点中一个分段值,并按"Delete"键可以删除该分段值和相应的颜色设置。修改后的参数设置可以即刻应用在当前工程的地图覆盖显示中。

步骤 5:配置测试模板

在软件菜单栏上的设置菜单下选择"测试模版"或双击导航栏"设备"中的"Templates"

在跳出的"Template Maintenance"窗口选择"New"按钮,并在跳出的"Input Dialog"窗口中输入新建模版的名字之后单击"OK"按钮。建议模板名字用测试业务名字详细命名,这样对于以后建立更多的模板可以方便区分,如图3.25.11所示。也可通过"编辑"—"模板"—"导入"导入以前保存的测试模版。

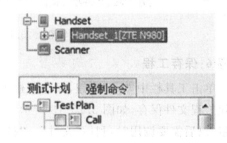

图 3.25.11　测试计划模版调用

本任务要求在弹出的"Test Plan"窗口中选择"Call"并单击"OK"按钮,如图 3.25.12 所示。

在如图 3.25.12 所示的模板中按任务介绍中的要求分别做好相关各项参数设置之后单击"确定"即可。图中的参数如下所示。

- Connect(s):连接时长。如果主叫手机正常起呼,在设置的连接时长内被叫手机没有正常响应,软件会自动挂断此次呼叫而等待下一次呼叫;
- Duration(s):通话时长;
- Interval(s):两次通话间的间隔。在发生未接通、掉话之后,也是要等到 Interval 时间间隔之后再做下一次起呼;
- Conn by MTC:如果勾选了此选项,软件会按照"Connect"时长控制手机起呼,否则软件会等到被叫响应或网络挂断此次起呼;

- Long Call：长呼。与"Duration"相反；
- Cycle Mode：循环测试；
- Phone Numbers：被叫号码；
- Repeat：重复次数。如果在"Cycle Mode"处没有勾选，软件会按照"Repeat"设置测试做呼叫测试，一旦到了设置的最大测试次数，软件会自动停止此模版的测试。

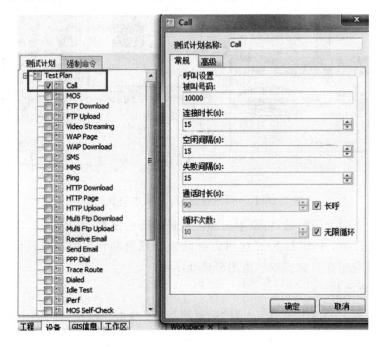

图 3.25.12　更改测试计划内容

步骤 6：保存工程

单击工具栏中"🖫"按钮，保存所建工程。以上所有设置（含测试模版、设备配置等）都将随工程文件保存，如图 3.25.13 所示。在每次对配置信息做出修改后，请单击"保存工程"按钮，以后需要调用时，利用"文件"—"打开工程"或在工具栏中单击🖾，而不必每次都进行数据导入及参数设置等操作。

图 3.25.13　保存工程窗口

步骤 7:进行测试

1.连接设备开始记录

选择主菜单"记录"—"连接"或单击工具栏 按钮,连接设备;设备连接成功之后,

软件菜单上可以看到如下变化:在设备连接按钮右侧的一个灰色按钮现在呈现为红色,说明设备已正常连接成功,然后单击红色的按钮来保存 Log,如图 3.25.14 所示。

图 3.25.14　连接成功

这里的文件名可以自己命名,软件默认的文件名是按照电脑的系统时间命名。值得注意的是,这里不可以选择 Log 记录的目录,因为这个目录在新建工程的时候已经指定好了。

2.测试控制

在开始记录 Log 后,软件会自动弹出一个窗口:"Device Control",如图 3.25.15 所示,单击"开始所有",开始测试,单击"停止所有",停止测试。

图 3.25.15　Device Control 窗口

3.开始和结束测试

选择好测试模版之后,在"Device Control"中单击"开始"按钮开始测试了。如果是多个手机同时做不同的业务,可以单击"Start All"按钮来启动所有测试。

测试结束先单击"Stop"断开 Log,然后单击"停止"log,最后单击"断开设备连接",避免因为人为因素造成的事件,如图 3.25.16 所示。

图 3.25.16　结束测试

4.测试信息显示

调用 CDMA 1X 场景,或将导航栏工程面板中当前 Log 下的相应窗口拖入工作区,即可分类显示相关数据信息。传统网络测试时常看的窗口有:Map、Graph、Event、Message、Data Test、Serving/Neighbor,如图 3.25.17 所示。

图 3.25.17　测试信息显示

步骤 8:数据回放

通过"编辑"—"数据"—"导入"可以打开图 3.25.18 所示窗口,对于鼎利原始的 RCU 文件,直接在如图 3.25.18 所示位置选择导入测试数据即可。

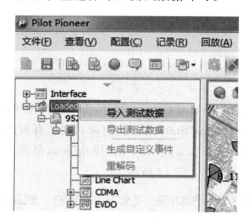

图 3.25.18　导入测试数据

打开文件以后,需要手工解码文件才能回放。解码只需要从图中红框中把数据文件拖到右边的工作区即可,例如"将 0611 和林—清水河"拖到右边工作区,放开鼠标即可。

步骤 9:CQT 测试

与 DT 的区别如下。

区别 1:在室内测试,不需要安装 GPS,如在室内定点测试,也不需要打点。

区别 2:模版参数设置不同。

其余步骤可重复步骤 1~8 即可,具体内容不再赘述。

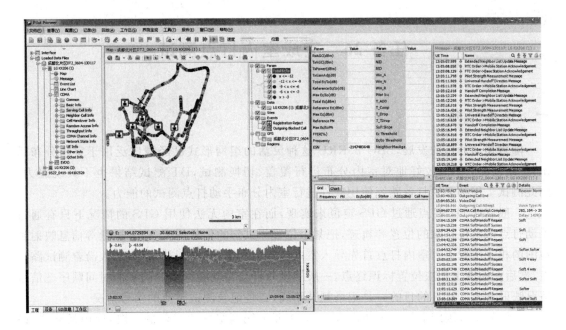

图 3.25.19 数据回放窗口

五、任务成果

1. 新建工程，导入基站信息表，导入地图的步骤截图。
2. 设置记录参数、设置 CDMA 1X 参数值并指定颜色、阈值的步骤截图。
3. 连接设备，寻找端口、配置测试模板的截图。
4. DT 与 CQT 测试数据截图。
5. DT 与 CQT 测试 Log 两份。

六、拓展提高

请用鼎利路测软件完成语音长呼测试。

任务 26　完成室内打点测试

一、任务介绍

随着移动通信的发展,BBU+RRU 这种灵活的组网形式已经被广泛用于室内分布系统,传统的 DT 不能较好地对室内分布进行覆盖、切换测试,DT 测试结果也不具说服力。因此测试工程师必须具备熟练使用软件进行室内分布手动打点测试的能力。

一般室外 DT 打点通过 GPS 定位来实现,而在室内无法使用 GPS 的情况下只有通过手动打点来定位终端的位置和轨迹,把某个位置测试到的信号强度、信号质量等信息映射到地图的相应位置上。室内打点首先导入室内建筑的平面图,标识初始位置,人沿着测试路线走,然后在地图上相应位置标识终点,一般测试软件会自动在两点之间按照时间顺序把信号情况映射上去。打点的目的一是记录测试路线,二是记录测试路线的信号情况。

本任务要求刚踏上优化工作岗位的你,按照无线网络优化工作的需要,使用任务 24 搭建好的环境,完成对内环境的语音业务打点测试,具体要求为:测试前准备好测试点地图,语音业务拨打测试设置参数与任务 25 一致。我们可以按照预设路径打点,也可按照自由打点来完成该任务。

二、任务用具

安装有鼎利测试软件的便携式电脑、软件加密狗、USB 一转四适配器、测试手机及卡。

三、任务用时

建议 2 课时。

四、任务实施

步骤 1:抵达测试现场、熟悉测试环境、制作测试地图

可以使用画图板/CAD/VISIO 软件来制作测试用地图,地图实例如图 3.26.1 所示。

图 3.26.1　某大楼底楼地形图

步骤 2：设定阀值

单击"配置"—"参数设置"—"阀值"，如图 3.26.2 所示。打开"参数"—"CDMA"—"SERVING CELL INFO"选项，选择 Total Ec/Io 等参数，在右边设置阀值及颜色。

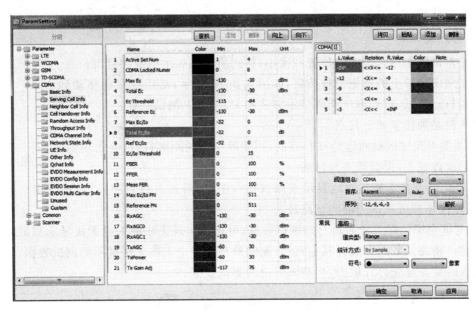

图 3.26.2 设定阀值界面

步骤 3：导入测试地图

单击"配置"—"场景管理"打开"CDMA 1X"场景，然后单击"MAP 窗口"左上角的地球图表，加载刚刚制作的室内地图，如图 3.26.3 所示。

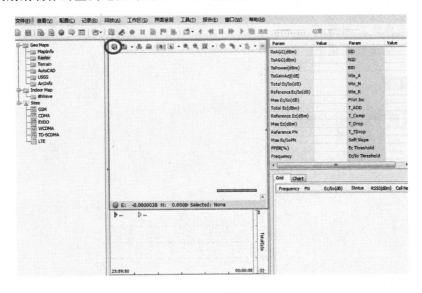

图 3.26.3 导入地图界面

步骤 4：拨号

按任务 25 中采用的 Pilot Pioneer 测试流程新建工程、连接设备（不连 GPS）、配置测试模版后进行拨号，在地图窗口中打开刚才载入的室内分布地图，但此时的地图窗口无终端移动位置和轨迹。

步骤 5：打点测试

调整对话框中导入地图的位置和大小，将阀值范围表示框放在合理位置。

单击地图窗口上的标记位置按钮，如图 3.26.4 所示，然后把鼠标移动到 MAP 上开始进行手动打点测试，打点测试结果显示方法和 DT/CQT 测试一样。

打点时必须注意如下几点。

1. 覆盖点是按运动轨迹路线打点的，不要隔很长的距离打点，会出现偏差，同一距离手动打点的次数越多，覆盖轨迹越精确。

2. 打出的点并不能实时地显示在测试窗口中，如需查看打点路径，对地图窗口进行最大化、还原操作即可刷出当前测试路径。

3. 测试完毕保存工程后再打开测试数据，可能会出现无法载入或无法显示测试路径的情况。建议将测试数据存放到其他路径，删除鼎利软件中当前无法显示的测试数据，重新载入。载入时要注意先打开地图，再载入对应的测试数据。

图 3.26.4　标记位置按钮

五、任务成果

1. 制作的室内地图。
2. 打点的操作界面截图。
3. 打点的测试数据截图。

六、拓展提高

如何完成预设路径打点测试？

任务 27　完成数据业务测试

一、任务介绍

在网络优化工作中,除语音业务的 DT/CQT 外,技术人员还可以用测试软件实现数据业务的测试与分析。本任务要求刚踏上优化工作岗位的你,按照无线网络优化工作的需要,使用任务 24 搭建好的环境,来完成 CDMA 数据业务测试。本任务需要以拨号方式建立一个 PPP 连接,在室内用 Pioneer 软件控制测试手机,通过测试软件中的内置 FTP 中的 GET 命令,进行文件的下载,并记录所用时间和数据量。

1. 提供一个 FTP server,要求其支持断点续传,提供用户下载权限并打开 Ping 功能;

2. 从 FTP server 下载一段大小为 10 MB 的文件,当文件下载完成后,断开 PPP 连接,等待 15 秒,重新拨号上网,再一次下载该 10 MB 的文件,记录下载的总时间和总数据量;

3. 当发生拨号连接异常中断后,应间隔 15 秒后重新发起连接。

二、任务用具

安装有鼎利测试软件的便携式电脑、软件加密狗、USB 一转四适配器、测试数据线、测试手机(含测试卡)。

三、任务用时

建议 2 课时。

四、任务实施

本任务提供的 FTP 服务器为"115.168.76.118",用户名为"CDMA FTP",密码为"12345678";采用 CDMA 1X 测试手机的 Modem 新建一个拨号连接,拨号号码为"♯777",用户名为"card",密码为"card"。具体测试时以上数据以最新数据为准。

步骤 1:建立拨号连接

1. 创建一个新的拨号连接

右击打开网上邻居的属性,在左侧选择创建新的连接,单击"下一步",如图 3.27.1 所示。

图 3.27.1　建立拨号连接

2. 设置 Internet 连接,如图 3.27.2 所示。

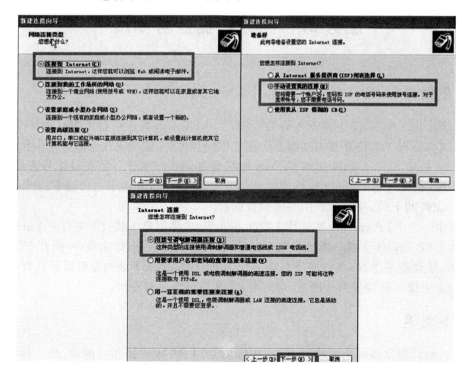

图 3.27.2　设置 internet 连接

3. 建立连接设备,如图 3.27.3 所示。

4. 输入 ISP 信息,ISP 名称为"cdma",拨号号码为"♯777",如图 3.27.3 所示。

5. 输入账户信息,用户名和密码均为"card",如图 3.27.3 所示。

6. 单击"完成"结束创建。

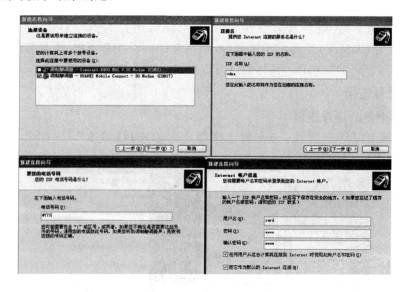

图 3.27.3　建立连接设备,输入 ISP 信息、账户信息

步骤2：拨号连接设置

打开创建好的拨号连接，在"常规"中选择"配置"，设置速率与 Modem 端口速率相同且去掉硬件功能中的选项；在"网络"中选择"设置"，去掉 PPP 设置中的选项。如图 3.27.4 所示。

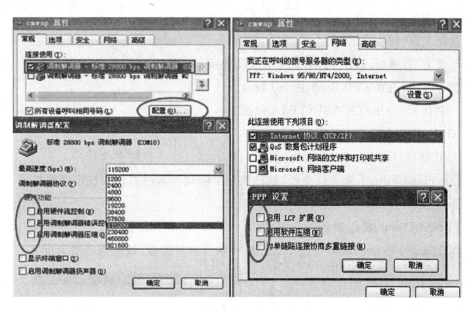

图 3.27.4　拨号连接设置

步骤3：拨号连接

进入拨号连接界面，选择"拨号"，弹出"正在连接 CDMA"，如图 3.27.5 所示。如果连接成功，桌面右下角会显示连接图标。

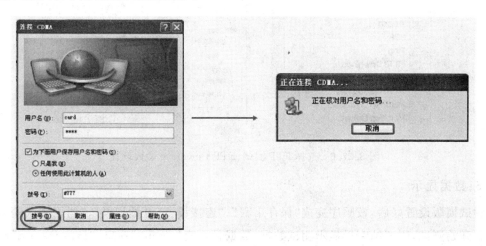

图 3.27.5　拨号连接

步骤 4:设置测试模板

整个数据业务的测试流程与语音业务的 DT/CQT 一致(见任务 25),只是测试模板为 FTP 方式(可选 DOWLOAD 或 UPLOAD),在设置时有所不同。根据鼎利 Piolt Pioneer 测试流程完成新建工程、配置设备、导入地图和基站信息后,进行 FTP 测试模板的设置。

1. 确定测试项目名称。

2. 选择 FTP 模板。

3. 设置 FTP 模板,如图 3.27.6 所示。以 Download 为例。

- 选择类型:选择 PPP By Selected Dial。

- PPP 拨号:使用刚建立的 CDMA 即可。

- APN:CDMA 没有 APN,所以为空。

- FTP 地址、用户名、密码、超时时间、间隔、次数:按任务要求填写。

- Download File:下载文件路径,如已拨号上网则可通过右边的按钮远程登录 FTP 服务器指定。

- Thread Count:使用默认的 3 即可。

- Disconnect every time:每次下载结束后断开拨号连接,按照规范要求设置。

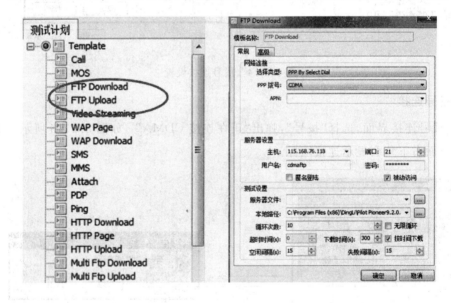

图 3.27.6 选择 FTP 测试、FTP Download 参数设置

步骤 5:数据显示

测试模版设置好后,按顺序完成"保存工程"、"连接设备、开始记录"、"调用测试模版"等环节后开始测试,测试结束后显示测试数据,数据显示有"Graph"窗口、"Information"窗口、"Message"窗口、"Event List"窗口和"Data Test"窗口。"Data Test"窗口可即时显示当前所做 FTP 业务的状态及相关信息,包括测试进度条、文件大小、已完成的文件大小、即时速度

和平均速度,如图 3.27.7 所示。

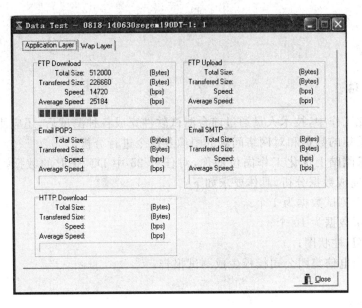

图 3.27.7　测试结果显示

五、任务成果

1. 拨号连接成功的截图。
2. FTP 测试模板配置的截图。
3. 测试结果显示。

六、拓展提高

如果用 CDMA 1X 测试手机进行"Wap 首页刷新业务"的测试,测试模板该如何设置?

任务 28　分析 CDMA 测试数据

一、任务介绍

在网络优化工作中,技术人员通过前台测试软件完成各种测试后,还应使用后台分析软件来处理测试采集的数据和对网络问题的图像及信令进行分析。

本任务要求刚踏上优化工作岗位的你,对任务 25 中 DT 获取的数据,使用鼎利 Pilot Navigator 软件完成数据分析,具体要求如下:

1. 合并 2 个测试数据为 1 个;
2. 分割测试数据为 10 个;
3. 导出饼图、柱状图;
4. 利用中国电信集团公司模板生成测试报告。

二、任务用具

安装有鼎利 Pilot Navigator 的便携式电脑、软件加密狗。

三、任务课时

建议 2 课时。

四、任务实施

任务实施前学生应了解使用鼎利 Pilot Navigator 进行分析的流程,如图 3.28.1 所示。

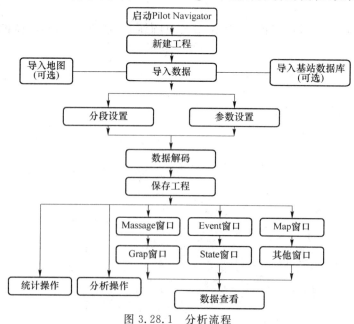

图 3.28.1　分析流程

步骤 1：新建工程

可以通过以下几种方式新建工程："文件"菜单下的"新建工程"和工具栏上的"新建工程"，如图 3.28.2 所示。建议先通过"Setting"—"Language"—"Chinese"更改语言为中文。

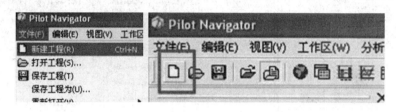

图 3.28.2 新建工程

步骤 2：配置工程

1. 设置分段阀值/颜色

单击"设置"—"分段设置"—"CDMA"—"Measurement Info"，如图 3.28.3 所示，该步骤可对地图窗口中覆盖图的关键参数进行分段阀值/ 颜色配置，如：Rx AGC，Tx Power，FFER，Ec/Io，FTP UL/DL Throughput 等，在菜单栏"工具"下的"分段设置"里面相应配置，做好以上设置后在菜单栏"文件"下选择"保存阀值为默认"随软件进行保存。

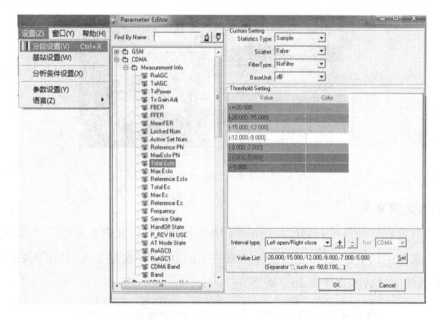

图 3.28.3 阈值设置

2. 设置用户自定义报表中参数分段

如图 3.28.3 所示，该步骤可对用户自定义报表中的参数进行分段设置，在"菜单栏"工具下"分析条件设置"里新建或编辑用户自定义报表中的参数分段。

3. 选择报表格式

如图 3.28.4 所示，单击"设置"—"参数设置"，该步骤可对报表格式和 CDMA 覆盖率参数配置进行设置，在"菜单栏"工具下"参数设置"里 General 分页对报表格式相应配置，在

"参数设置"里 Evaluate 分页对 CDMA 覆盖率进行相应配置。

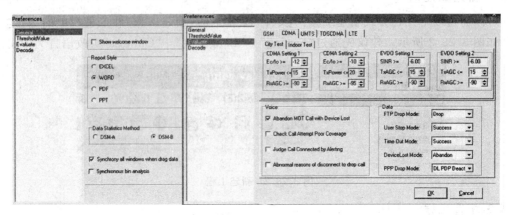

图 3.28.4　报表格式设置

步骤 3：导入基站数据和地图

选择"编辑"—"导入基站/地图"即可导入基站和地图数据文件，如图 3.28.5 所示。基站数据文件格式与前台测试软件使用的数据文件格式相同，导入方法与前台测试软件的方法基本一致。

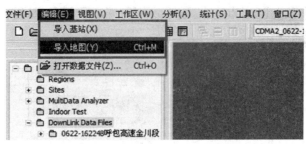

图 3.28.5　导入地图和基站数据

步骤 4：导入数据文件

打开后台分析软件以后，选择"Downlink Data File"—"打开数据文件"，即可打开前台测试软件收集的测试数据文件，也可通过工具栏上的 📂 打开数据文件，如图 3.28.6 所示。Pioneer 提供的测试数据文件为 Rcu 格式。

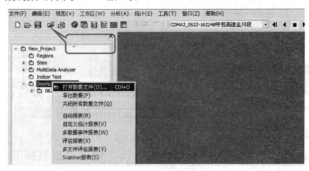

图 3.28.6　导入数据

由于鼎立软件的限制,测试数据文件需要先解码然后才能进行出图等分析操作。通过右击"信令/事件窗口"即可对数据文件进行解码,如图 3.28.7 所示。

以上导入和配置任务完成后应单击文件菜单下的"保存工程"。

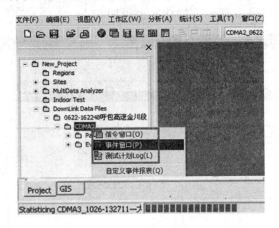

图 3.28.7　数据解码

步骤 5:数据的合并与分割

Navigator 的数据合并功能支持对不同时间段的测试数据进行合并,合并后成为一个测试数据文件,如图 3.28.8 所示。操作实例说明如下:

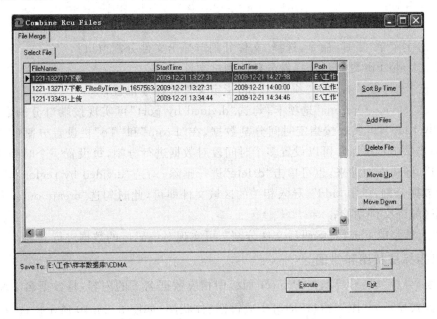

图 3.28.8　数据合并

1. 单击"工具"菜单,选择文件合并命令,弹出文件合并设置窗口;
2. 单击"Add files",选择需要合并的文件;
3. 如导入多个文件,单击"sort by time"可实现按时间进行排序;
4. 可单击"move up"或者"move downd"手动对文件排序;

5. 可通过"delete files"删除不需要合并的数据；

6. 单击"Execute"按钮，指定合并后文件的保存位置，开始合并。

Navigator 支持对测试数据进行分割操作，包括按时间段、按数据端口和按区域进行数据分割三种方式，如图 3.28.9 所示。操作实例说明如下：

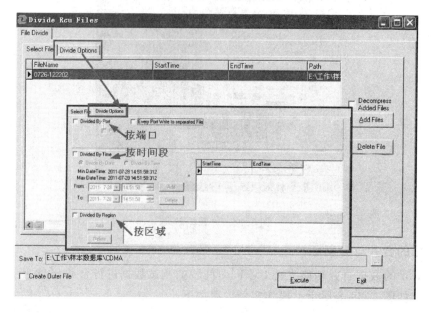

图 3.28.9　数据分割

1. 单击主菜单"工具"命令，选择"文件分割"，弹出文件分割窗口；

2. 单击"add File"按钮，选择做分割的测试文件；

3. 单击"Save To"右边的"预览"按钮，指定文件的保存位置；

4. 勾选"Divide Options"选项卡，勾选"divided by port"可实现按端口分割数据；勾选"divided by time"，可实现按指定时间分割数据，在"From"和"To"栏设置分割的开始和结束时间，单击"Add"添加。可以设置多个时间段对数据进行分割，每设置一个时间段都需要单击"Add"，将其添加进来，也可单击"delete"进行删除；勾选"divided by region"，可实现按区域进行数据分割，单击"add"，导入相关的区域文件即可，此时勾选"create outer file"可实现只形成区域外文件功能；

5. 在工具菜单下选择"解码后文件分割"，可实现对解码后的数据进行分割。

步骤 6：出指标柱状图和饼图

数据解码以后，展开导航栏 Project 面板中相应数据名下的内容，将数据名下相应指标通过右击方式显示到"图表窗口"即可生成饼图、柱状图，如图 3.28.10 所示。选择 📋 📊 图标可将图表复制或导出。

步骤 7：测试数据 GIS 分析

数据解码以后，通过右击地图窗口的方式就可以对图示各种指标进行分析，如图 3.28.11 所示。

对于路测关注的指标项（RX、TX、EcIo、FER 等），在出图时只需要选中特定指标项，右击"地图窗口"即可图形化显示测试数据。如果要在地图上显示基站数据,单击"Sites"—"CDMA",将"CDMA"拖拽进激活的地图窗口即可。如果要在激活窗口中显示地图,单击图中红色圆圈,选择想要显示的地图即可。

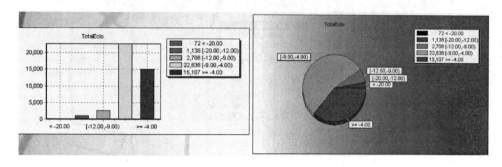

图 3.28.10　导出饼图、柱状图

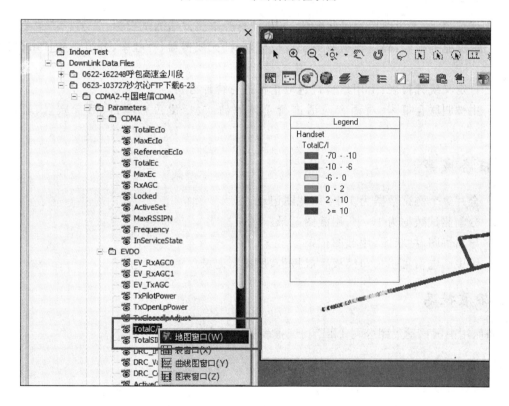

图 3.28.11　对图示指标进行分析

步骤 8:测试数据统计分析

除了常规的 GIS 呈现,Navigator 软件还预置了一些统计报表,以提高优化工作的效率。报表可以通过"统计"菜单使用,如图 3.28.12 所示。通过"工具"—"参数设置"可以选择鼎立生成报表的呈现方式,一般选择为 Excel 格式。

常用报表选项简介如下:

1. 自动报表:对 CQT、Ping、短信、彩信等测试指标进行统计。

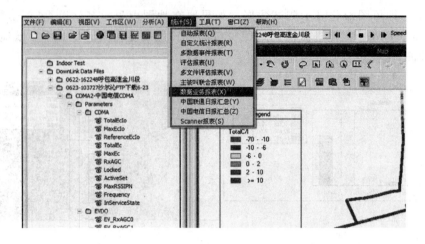

图 3.28.12 各类数据统计报表

2. 评估报表:提供覆盖率、MOS 值、KPI 计算等重要评估测试指标。

3. 数据业务报表:提供数据业务统计指标,包括无线覆盖、吞吐率、分组业务、Ping 等统计信息。

4. 自定义统计报表:由用户自行选取指标进行统计分析。

5. 主被叫联合报表:对语音通话进行总体评估,包括覆盖率项目、话音质量、通话项目等。

五、任务成果

1. 合并 2 个测试数据为 1 个,用截图记录。

2. 分割测试数据为 10 个,用截图记录。

3. 导出饼图、柱状图,用截图记录。

4. 用中国电信集团公司模板生成报告,用截图记录。

六、拓展提高

如何用中国移动集团公司 LTE 测试报表生成报告?

任务 29　测试 LTE 网络

一、任务介绍

本任务要求测试人员,按照任务 24 学习的环境搭建方法,使用慧捷朗公司的 CDS 测试软件,对某片区 LTE 网络进行数据采集工作,完成 DT 测试。

二、任务用具

慧捷朗 CDS 测试软件(LTE 7.1 版本)、前台加密狗、测试手机(三星 S5 含测试卡)、测试数据线、GPS 天线、测试用笔记本电脑(WIN XP 、WIN7、WIN8)等。

三、任务用时

建议 4 课时。

四、任务实施

测试前安装测试用手机、GPS 驱动、CDS 软件及其补丁等操作可参考任务 24 来完成。

步骤 1:熟悉操作界面

CDS 用户界面相对简洁,可以分为操作界面和视图界面两个部分。

1. 操作界面:图 3.29.1 中蓝色部分,包括标题栏、工具栏、导航栏以及资源管理器,大部分的 CDS 配置和控制操作从此部分发起;

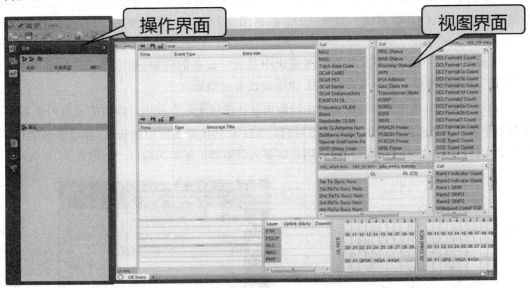

图 3.29.1　CDS 操作界面

2. 视图界面：图 3.29.1 中红色部分，是 CDS 测试数据展示窗口，为用户提供了灵活直观的数据呈现。

CDS 界面的左侧栏为导航栏，上面有 6 个按钮，单击按钮可以打开对应的资源管理器。功能如表 3.29.1 所示。

表 3.29.1　CDS 按钮功能介绍 1

图标	功能
	设备管理，用于添加/删除测试设以及配置自动测试计划，此按钮在"回放"状态将被隐藏
	视图管理，分类列出预定义的视图及视图页，用户可双或拖拽打开选中的视图或视图页
	分析模块管理，列出的每一项对应一个数据分析模块（没有授权的模块被隐藏），这些模块只在"回放"状态使用，进入"连接"状态后此按钮被隐藏
	IE 列表，分类列出了 CDS 支持的测试数类型，用户可选择一个或多个拖拽到视图后处理插件中。测试数据的显示风格也在这里设置
	事件列表，分类列出内置事件以及用户自定义事件。用户可以为事件配置图标、告警音、字体颜色；配置自定义事件；定义事件组等。用户也可以将事件或事件组拖拽到某些视图中
	过滤器管理，是用户定义逻辑表达式，用于数据后处理阶段根据需求过滤数据。用户在此可以修改过滤器的定义，也可以将过滤器拖拽到某些视图中使用
	小区工作室，用于导入小区数据库并生成小区的地图图层
	报告编辑器，用于用户定制报告模板
	信令列表，管理器中分类列出了各种制式下空中接口及非接入层的信令，用户可选择一个或多个拖拽到后处理插件中。

步骤 2：搭建测试环境

在正确添加测试设备后，我们只需执行简单的三步操作，便可进行测试：1. 连接设备；2. 录制日志；3. 执行自动测试。对应 CDS 数据采集界面工具栏上的三个功能按钮，如图 3.29.2 所示。

1. 添加设备：该操作需在设备管理模块中完成。设备的添加、删除操作只能在软件处于"空闲"状态时进行。我们可以使用手动添加或者自动添加。

（1）手动添加：单击管理器工具栏中的添加设备按钮，会弹出可添加的设备列表菜单，在列表中选择希望添加的设备。设备添加后，CDS 自动搜索系统中的设备，在设备的端口下拉列表中将自动添加发现的设备端口，用户需要为设备指定正确的端口。如图 3.29.3 所示。

图 3.29.2　测试按钮

图 3.29.3　手动添加设备

（2）自动添加：如有保存过的工作区，可直接打开已有的工作区文件，快速载入设备配置，无须手动添加。

注：特殊情况下，如果实际设备已连接到系统，但 CDS 未能正确自动识别其端口，此时可为设备强制指定端口，请按如下步骤操作。

（1）单击 弹出设备管理器菜单；

（2）在设备列表中找到对应设备的正确端口，右击，在弹出的菜单中选择"使用此串口"。

（3）打开已有工作区快速恢复测试环境时，也需确认设备是否对应正确的端口。

2. 连接设备：单击图 3.29.2 中"1 连接设备"按钮，CDS 会根据配置尝试连接设备。如果硬件设备与 CDS 通信正常，则连接按钮变为闭合状态，视图开始显示采集的数据；如果有任何一个硬件设备与 CDS 未能正确通信则会弹出错误提示框。

注意：如软件无法连接手机，请在拨号界面拨 ＊＃0808＃，推荐将 USB Settings 选为 RMNET＋DM＋MODEM，此时连接后无须开启数据连接仍然可以完成测试；也可选择 RNDIS＋DM＋MODEM，此时需要打开数据连接才开始测试。

在软件与设备处于连接态时，单击图 3.29.2 中"1 连接设备"按钮即可断开连接；当软件处于记录日志状态时，不可断开连接，该按钮灰显。设备正确连接后，用户可在对应设备的属性中，查看设备的基本信息，如设备类型、设备版本、IMEI、IMSI 等，如图 3.29.4 所示。

图 3.29.4　设备基本信息示意图

步骤 3：导入工参及地图

1. 导入地图图层

单击图 3.29.5 左下角地图图层按钮，选择 TAB 格式地图导入。

2. 导入小区图层

单击软件左上角"小区工作室"按钮，导入准备好的工参数据，单击红圈处按钮，可以自动生成自定义的小区图层。如图 3.29.6 所示。

单击图 3.29.7 左下角小区图层按钮，选择对应导入。

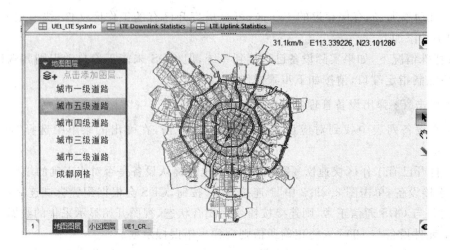

图 3.29.5　添加地图

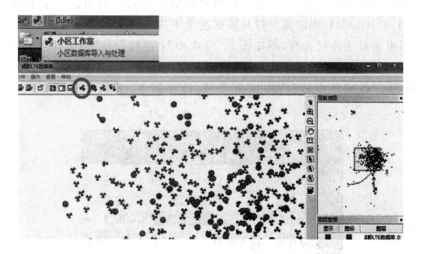

图 3.29.6　添加小区数据库

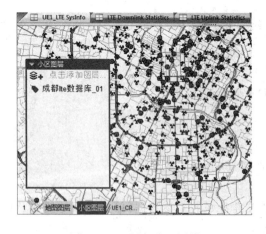

图 3.29.7　添加小区图层

图 3.29.8　设置测试计划

步骤 5：配置测试模板

单击设备，选择要建立计划的测试终端，选择"ATE 测试"标签。

单击![按钮]按钮在测试计划中插入一条新的测试项目。下拉测试项目，选择 FTP 上传或者下载，设置公共配置参数及项目配置参数，如对应的服务器等，即可单击"GO"开始测试。

设置完测试任务后，单击![图标]可以保存模板，方便后续调用。

步骤 6：保存工作区

按快捷键"CTRL＋S"，即可保存设置好的工作区，即可保存后缀名为.wks 的工作区文件，方便后续调用。如图 3.29.9 所示。

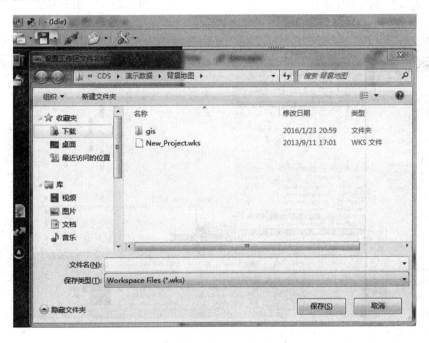

图 3.29.9　保存工作区

步骤 7：进行测试

依次单击图 3.29.2 中的"1 设备连接"、"2 记录日志"、"3 开始测试"三个按钮，开始对应项目的测试工作。

单击"3 开始测试"以后，软件会一次执行已生效的测试项目，如设置了循环次数，则所有测试项目执行完一次以后，会进入下一轮循环，直至总次数完成。

测试完成后，依次单击图 3.29.2 中的"3 停止测试"、"2 停止记录日志"、"1 断开设备连接"三个按钮。到对应的 Log 日志保存目录即可看到测试日志。

步骤 8：数据回放

单击"打开日志"按钮，如图 3.29.11 所示，然后可以对日志进行回放分析。如图 3.29.12所示。

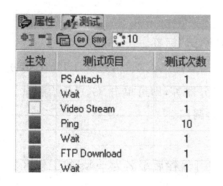

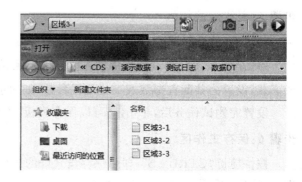

图 3.29.10　执行测试项目　　　　　　　　　图 3.29.11　打开日志

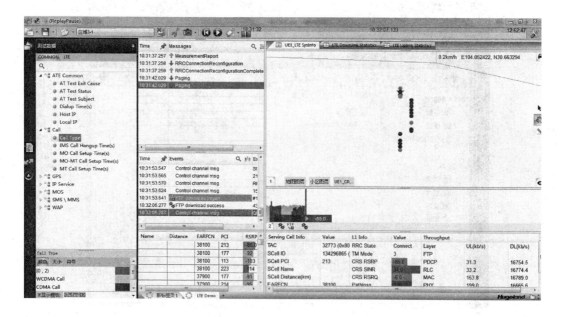

图 3.29.12　日志回放窗口

五、任务成果

1. 新建工程，导入基站信息表，导入地图的步骤截图。

2. 连接设备，寻找端口、配置测试模板的截图。

3. DT 测试数据截图。

4. DT 测试 Log 一份。

六、拓展提高

使用 CDS 完成 GSM 一次语音长呼测试。

任务 30　分析 LTE 测试数据

一、任务介绍

本任务要求刚踏上优化工作岗位的你,对任务 29 中 DT 获取的数据,使用 CDS 软件完成数据分析。

二、任务用具

慧捷朗 CDS 测试软件(LTE 7.1 版本)、后台加密狗、测试用笔记本电脑(WIN XP 、WIN7、WIN8)等。

三、任务用时

建议 2 课时。

四、任务实施

步骤 1:新建工作区、打开日志

单击红圈处"新建工作区"按钮,如图 3.30.1 所示。新建一个工作区。然后单击"打开日志"按钮,打开一个已保存的 Log。

步骤 2:选择分析插件

单击红圈处"分析"按钮,如图 3.30.2 所示。打开分析标签,然后双击打开对应的分析插件。

图 3.30.1　新建工作区

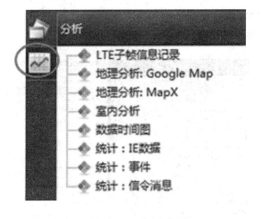

图 3.30.2　选择分析插件

步骤 3:分析 IE 数据

双击"统计:IE 数据"插件,即可启动 IE 数据分析后,此时打开了分析统计页面,它包含了 3 个表项:数据统计表,Bar/CDF/PDF、图表及数据采样表。

　　将 IE 数据拖动至分析页面窗口,即可自动完成分析。CDS 支持同时添加多个测试数据,也可自动生成 CDF/PDF 分析结果。如图 3.30.3 所示。其横坐标按 IE 参数数值区间进行标识,纵坐标按采样次数标示。

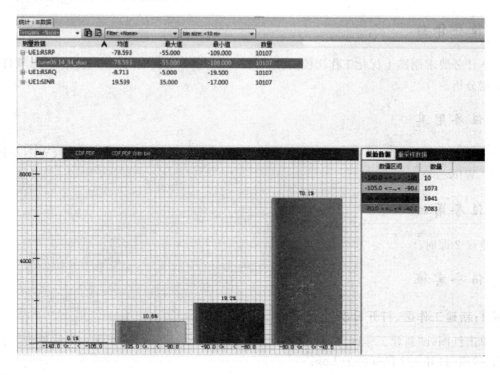

图 3.30.3　IE 数据分析

步骤 4:事件分析

　　打开"统计:事件"分析插件,将事件拖拽到分析窗口,自动完成分析。在 user event 管理区,自定义事件,拖动到窗口进行分析。如图 3.30.4 所示。统计视图分为统计窗口和事件分析窗口。

图 3.30.4　事件分析

1. 统计窗口：显示已选事件发生的次数。可以同时统计并显示多个事件在统计窗口，选中某一事件条目，右击，将弹出删除菜单，选择可删除事件条目。

2. 事件分析窗口：选中一个事件条目后，将逐行显示该条目每次发生的统计信息，包括事件时间、小区名称、小区 ID、经纬度、详情、设备索引和日志文件名称。

在详细列表中，左键双击某一次结果，日志的时间会跳转到对应时刻；右键双击某一次结果，窗口会自动同步跳转至视图界面。

步骤 5：信令分析

打开"统计：信令消息"分析插件，我们可在信令管理器中，选择相应条目，将其拖动至信令统计表，进行统计。所有信令条目的统计信息，也会显示在日志级统计表中，自动完成分析。

信令分析可统计出某一信令发生的次数，详细信息中，按照信令发生的时间对该条信令进行逐条统计。统计结果，可以利用鼠标右键导出至文本。如图 3.30.5 所示。

CDS 还有较多专项分析功能，限于篇幅，如有需要，请各位参考其使用培训文档。

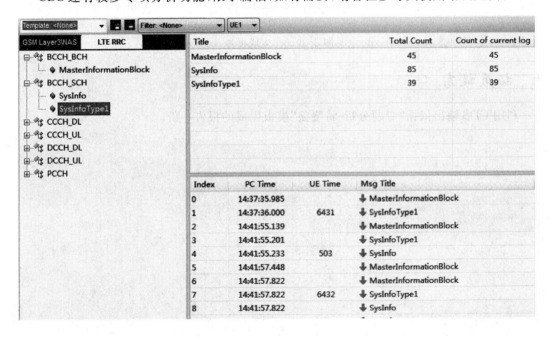

图 3.30.5　信令分析

步骤 6：生成报告

单击红圈处按钮，此时会弹出"生成报告"窗口，我们可以加载对应模板，单击"添加日志"按钮，再单击"生成报告"按钮，然后得到报告结果。如图 3.30.6 所示。

五、任务成果

1. 新建工程，打开日志的步骤截图。

2. IE 数据分析、事件分析及信令分析的步骤截图。

3. 利用 CDS 输出依据"电信 LTE DT 测试统计"模板生成的报告一份。

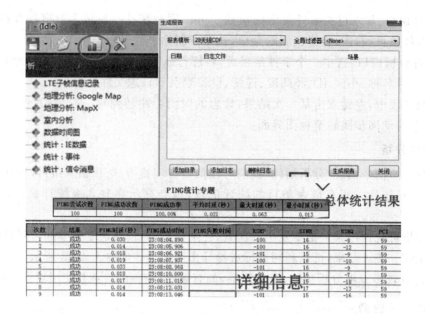

图 3.30.6　生成报告

六、拓展提高

利用 CDS 输出依据"专题分析-弱覆盖"模板生成的报告一份。

附　　录

附录 1　勘察设计类表格

附表 1.1　现场勘察记录表

基站编号		基站名称		勘察人员		勘察时间	
基站配置		设备厂家		配合单位		配合人员	
站址信息							
详细站址							
经度		纬度		海拔高度		地图标注	□
机房信息							
使用情况	租用□	自建□	购置□	利旧□		共址□	
楼层		机房位置		机房平面图	□	相邻情况图	□
机房类型	现浇□	预制板□	通信机房□	电梯机房□	平房□	机房照片	□
现有设备	无□	基站设备□	光传输□	微波□	开关电源□	电池□	其他□
类型							
厂家							
型号							
机架数量							
容量配置							
走线架	无□	有□	走线架宽		下沿距地高			
馈线窗	无□	有□	下沿距地高		孔数/空余孔	/		
其他说明							
天线信息							
现有天线	联通 GSM	□900□1800	电信 CDMA	□	移动 GSM	□900□1800	移动 TD □	
天线类型	全向□	定向□	全向□	定向□	全向□	定向□		
楼顶抱杆	□	楼顶增高架	□	楼顶铁塔	□	地面铁塔	□
楼房高度		增高架高度		楼顶塔高度		铁塔高度	
天线挂高		天线挂高		天线挂高		天线挂高	
天线方位角		天线方位角		天线方位角		天线方位角	

续 表

女儿墙高度						
抱杆长度						
天面改造					天面照片	□
周围环境						
地貌特征	东	密集城区□	一般城区□	乡村□	开阔地□	森林□	水面□
环境片□	南	密集城区□	一般城区□	乡村□	开阔地□	森林□	水面□
	西	密集城区□	一般城区□	乡村□	开阔地□	森林□	水面□
	北	密集城区□	一般城区□	乡村□	开阔地□	森林□	水面□
障碍物	障碍物1□	障碍物2□	障碍物3□	障碍物4□	障碍物5□	障碍物6□	障碍物7□
障碍物类型							
阻挡范围角							
距离							
障碍物高度							
重点区域1			方位		距离		
重点区域2			方位		距离		
重点区域3			方位		距离		
相邻基站1			方位		距离		
相邻基站2			方位		距离		
相邻基站3			方位		距离		
备注							

附录2　无线网络优化参数介绍

附录2.1　常用CDMA无线网优参数介绍

1. dBm 和 dB

dBm 是一个表征功率绝对值的值,计算公式为:$10\lg$(功率值$/1\,\mathrm{mW}$)。如果发射功率P为$1\,\mathrm{mW}$,折算为dBm后为0dBm。对于40W的功率,按dBm单位进行折算后的值应为:$10\lg(40\,\mathrm{W}/1\,\mathrm{mW})=10\lg(40\,000)=10\lg4+10\lg10+10\lg1\,000=46\,\mathrm{dBm}$。

dB 是一个表征相对值的值,当考虑甲的功率相比于乙功率大或小多少个dB时,按下面计算公式:$10\lg$(甲功率$/$乙功率)。甲功率比乙功率大一倍,那么$10\lg$(甲功率$/$乙功率)$=10\lg2=3\,\mathrm{dB}$。也就是说,甲的功率比乙的功率大3dB。

dBm = dB milliwatt = 10 x Log₁₀ (Power in mW / 1 mW)

Power	Ratio	dBm = 10 x Log₁₀ (Power in mW / 1 mW)
1 mW	1 mW / 1 mW = 1	0 dBm = 10 x Log₁₀(1)
2 mW	2 mW / 1 mW = 2	3 dBm = 10 x Log₁₀(2)
4 mW	4 mW/1mW=4	6 dBm = 10 x Log₁₀(4)
10 mW	10 mW/1mW=10	10 dBm = 10 x Log₁₀(10)
0,1 W	100 mW/1mW=100	20 dBm = 10 x Log₁₀(100)
1 W	1000 mW/1mW=1000	30 dBm = 10 x Log₁₀(1 000)
10 W	10 000mW/1mW=10 000	40 dBm = 10 x Log₁₀(10 000)

附图1　DB 和 DBM

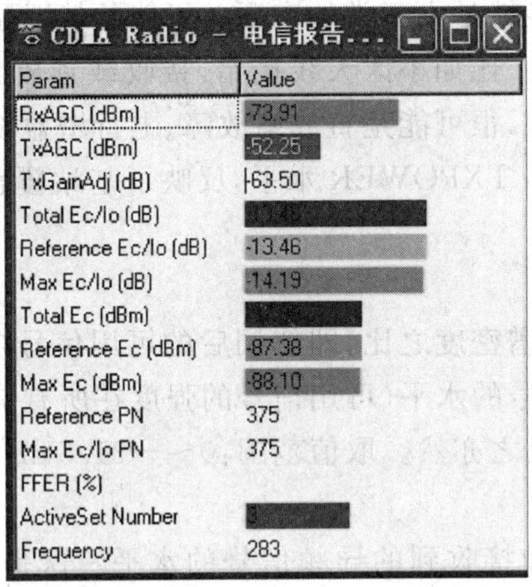

附图2　测试窗口参数示意

2. RxAGC

手机接收功率,指在所有前向信道接收到的功率(包括周围各基站/扇区,外加噪声),反映了手机当前的信号接收水平,RxAGC 大的地方,即信号覆盖好的区域,RxAGC 只是简单地反映了路测区域的信号覆盖水平,而不是信号覆盖质量的情况。RSSI,RxPower,Rx-AGC,Io 意义相同;取值范围:$-110\sim-48$ dBm。

RXPOWER 是手机的接收功率。在 CDMA 中,有 3 个参数是比较接近的,可以几乎等同使用。分别是 RXPOWER、RSSI、Io。RXPOWER 是手机的接收功率,Io 是手机当前接收到的所有信号的强度,RSSI 是接收到下行频带内的总功率,按目前查阅到的资料来看,这三者称谓解释不同,但理解上是大同小异,都是手机接收到的总的信号的强度。RXPOWER,反映了手机当前的信号接收水平,RXPOWER 小的区域,肯定属于弱覆盖区域,RXPOWER 大的地方,属于覆盖好的区域。但是 RXPOWER 高的地方,并不一定信号质量就好,因为可能存在信号杂乱,无主导频,或者强导频太多,形成导频污染。所以对 RXPOWER 的分析,要结合 EcIo 来分析。

以上可以看出,RXPOWER,只是简单的反映了路测区域的信号覆盖水平,而不是信号覆盖质量的情况。

3. TxAGC

手机的发射功率,反映了手机当前的上行链路损耗水平和干扰情况。上行链路损耗大或者存在严重干扰,手机的发射功率就会大,反之手机发射功率就会小。起呼和通话时才有值,取值范围:$-50\sim33$ dBm。

TXPOWER 是手机的发射功率。我们知道,功率控制是保证 CDMA 通话质量和解决小区干扰容限的一个关键手段,手机在离基站近、上行链路质量好的地方,手机的发射功率就小,因为这时候基站能够保证接收到手机发射的信号并且误帧率也小,而且手机的发射功率小,对本小区内其他手机的干扰也小。所以手机的发射功率水平,反映了手机当前的上行链路损耗水平和干扰情况。上行链路损耗大或者存在严重干扰,手机的发射功率就会大,反之手机发射功率就会小。在路测当中,正常的情况下,越靠近基站或者直放站,手机的发射功率会减小,远离基站和直放站的地方,手机发射功率会增大。如果出现基站直放站附近手机发射功率大的情况,很明显就是不正常的表现。可能的情况是上行链路存在干扰,也有可能是基站直放站本身的问题。比如小区天线接错,接收载频放大电路存在问题等。如果是直放站附近,手机发射功率大,很可能是直放站故障、上行增益设置太小等。

以上可以看出,路测中的 TXPOWER 水平,反映了基站覆盖区域的反向链路质量和上行干扰水平。

4. Ec/Io

每码片能量与干扰功率谱密度之比,即解调后的可用信号功率/总功率。Ec/Io 反映了手机在当前接收到的导频信号的水平(可用信号的强度在所有信号中占据的比例),值越大,说明有用信号的比例越大,反之亦然。取值范围:$0\sim-31.5$ dB,Total Ec/Io、Reference Ec/Io、Max Ec/Io 相近。

Ec/Io 反映了手机在当前接收到的导频信号的水平。这是一个综合的导频信号情况。因为手机经常处在一个多路软切换的状态,也就是说,手机经常处在多个导频重叠覆盖区域,手机的 Ec/Io 水平,反映了手机在这一点上多路导频信号的整体覆盖水平。我们知道 Ec 是手机可用导频的信号强度,而 Io 是手机接收到的所有信号的强度。所以 Ec/Io 反映了可用信号的强度在所有信号中占据的比例。这个值越大,说明有用信号的比例越大,反之则反。在某一点上 Ec/Io 大,有两种可能性。一是 Ec 很大,在这里占据主导水平,另一种是

Ec 不大,但是 Io 很小,也就是说这里来自其他基站的杂乱导频信号很少,所以 Ec/Io 也可以较大。后一种情况属于弱覆盖区域,因为 Ec 小,Io 也小,所以 RSSI 也小,所以也可能出现掉话的情况。在某一点上 Ec/Io 小,也有两种可能,一是 Ec 小,RSSI 也小,这也是弱覆盖区域。另一种是 Ec 小,RSSI 却不小,这说明了 Io 也就是总强度信号并不差。这种情况经常是 BSC 切换数据配置出了问题,没有将附近较强的导频信号加入相邻小区表,所以手机不能识别附近的强导频信号,将其作为一种干扰信号处理。在路测中,这种情况的典型现象是手机在移动中 RSSI 保持在一定的水平,但 Ec/Io 水平急剧下降,前向 FER 急剧升高,并最终掉话。

5. Ec

码片能量,当前接收到的有用信号的能量,一般是针对导频信道而言。Ec(dBm)＝Rx-AGC＋Ec/Io,取值范围:－120～－58 dBm 。Total Ec、Reference Ec、Max Ec 相近。

6. PN

短 PN 码,用于在前向区分小区。短 PN 码有 512 个。取值范围:0～511。

7. FFER

前向误帧率,反映了通话质量的好坏,反映了路测区域的信号覆盖质量水平,而不是信号覆盖强度水平。FFER 越小,说明手机所处的前向链路越好,接收到的信号好,这个时候 Ec/Io 也应该比较好。FFER 越大,说明手机接收到的信号差,这个时候 Ec/Io 应该也较差。取值范围:0～100%。

FER 是前向误帧率。前向误帧率跟 Ec/Io 一样,也是一个综合的前向链路质量的反映。因为当手机处在多路软切换的情况下,误帧率实际上是多路前向信号质量的一个综合值。FER 越小,说明手机所处的前向链路越好,接收到的信号好,这个时候 Ec/Io 也应该比较好。FER 越大,说明手机接收到的信号差,这个时候 Ec/Io 应该也较差。FER 较大,也可能是由于相邻的小区切换参数配置错误引起的。如果相邻的小区切换关系漏配、单配,也能造成手机在移动中,无法识别相邻的导频,而这个导频无法识别,就会变成干扰信号,导致 FER 升高。在实际情况中,往往表现为,手机在移动,FER 急剧升高,同时 Ec/Io 急剧下降,并且最后掉话。

以上看出,FER 跟 EcIo 是紧密相连的。FER 反映了通话质量的好坏,反映了路测区域的信号覆盖质量水平,而不是信号覆盖强度水平。有些地区虽然属于弱覆盖地区,但信号比较干净(杂乱的信号少、干扰少),则 FER 也一样会良好。

8. ActiveSet Number

当前激活集中的小区个数;取值范围:1～6。

9. WIN_A、WIN_N、WIN_R

WIN_A 属于切换类参数,用来设定 Active Set 和 Candidate Set 的搜索窗口长度。MS 在搜索 Active Set 和 Candidate Set 的多径信号时使用该参数。取值范围:0～15,建议值:5(20 chips)

WIN_N 属于切换类参数,用来设定 Neighbor Set 的搜索窗口长度,在搜索 Neighbor Set 的信号时使用该参数。取值范围:0～15,建议值:8(60 chips)

WIN_R 于切换类参数,用来设定 Remain Set 的搜索窗口长度,在搜索 Remain Set 的信号时使用该参数。取值范围:0～15,建议值:9(80 chips)

根据当地传播时延的大小,要保证经过传播延时后的导频信号,都落在激活集搜索窗口内。该参数设置得过小,可能造成部分有用的激活集信号落在搜索窗口之外,这些遗漏在窗口之外的激活集信号会变成干扰,可能严重影响链路质量。该参数设置的过大,可能造成某些无关信号也落在搜索窗口之内,这也会影响链路质量;较大的搜索窗口,还会使得手机搜索相邻导频的速度变慢,这可能导致切换不及时,引起系统性能下降。

11. 数据业务参数

Rx_PHYS_Rate:下行的物理层吞吐量;取值范围:0~3072000 bit/s。

Tx_PHYS_Rate:上行的物理层吞吐量;取值范围:0~1800000 bit/s。

Rx_RLP_Thr:下行 RLP 层吞吐量;取值范围:0~3072000 bit/s。

Tx_RLP_Thr:上行的 RLP 层吞吐量;取值范围:0~1800000 bit/s。

FTP Download:下行应用层吞吐量;取值范围:0~3072000 bit/s。

FTP Upload:上行的应用层吞吐量;取值范围:0~1800000 bit/s。

RLP_Err_Rate:RLP 传输错误占 RLP 传输总数的比率,衡量下行链路传输质量;取值范围:0~100%。

RLP_RTX_Rate:RLP 重新传输占 RLP 传输总数的比率,衡量上行链路传输质量;取值范围:0~100%。

12. IMSI / MIN

IMSI 由 15 位或少于 15 位的十进制数组成,其中包含 3 位的 MCC,2 位的 MNC。

如果 IMSI 有 15 位,称为 IMSI_CLASS_0;

如果 IMSI 少于 15 位,称为 IMSI_CLASS_1。

中国的 MCC 为 460,CDMA 网络的 MNC 为 03。对于 IMSI_CLASS_0,则对应的 IMSI_11_12 为 30。

在 CDMA 系统中,相同的 IMSI 可以分配给多个不同的移动台。系统可以允许或关闭该功能。对这些功能的管理是基站和网络运营商的工作。

对于相同的 IMSI 分配给了多个不同的移动台的情况,可能要通过 TMSI 外加 ESN 来识别移动台。

附录 2.2　LTE 无线网优参数介绍

1. RSRP

指标定义:RSRP 是承载小区参考信号 RE 上的线性平均功率,单位 dBm。

统计对象:网格、片区、本地网;室外、室内

数据采集:采用路测方式对该指标进行测量,在统计对象覆盖范围内进行测试,使用路测仪表或扫频仪记录测量到的小区参考信号的 RSRP 值。

计算公式:通过测量输出统计对象的参考信号 RSRP 分布图及统计图。

2. RSRQ

指标定义:RSRQ 定义为小区参考信号功率相对小区所有信号功率(RSSI)的比值。

统计对象:网格、片区、本地网;室外、室内

数据采集:采用路测方式对该指标进行测量,在统计对象覆盖范围内进行测试,使用路测仪表或扫频仪记录测量到的小区参考信号的 RSRQ 值。

计算公式:通过测量输出统计对象的参考信号 RSRQ 分布图及统计图。

3．SINR

指标定义:接收到的参考信号的信号干扰噪声比。所关注测量频率带宽内的小区,小区的参考信号的无线资源的信号干扰噪声比。

统计对象:网格、片区、本地网;室外、室内

数据采集:采用路测方式对该指标进行测量,在统计对象覆盖范围内进行测试,使用路测仪表或扫频仪记录测量到的小区参考信号的 SINR 值。

计算公式:通过测量输出统计对象的参考信号 SINR 分布图及统计图。

4．PUSCH-Txpower

指标定义:终端 UE 的 PUSCH 信道上行发射功率,单位:dBm。

统计对象:网格、片区、本地网;室外、室内

数据采集:采用路测方式对该指标进行测量,在统计对象覆盖范围内进行测试,使用路测仪记录测量到终端的发射功率值。

计算公式:通过测量输出统计对象的终端发射功率分布图及统计图。

5．PUCCH-Txpower

指标定义:终端 UE 的 PUCCH 信道上行发射功率,单位:dBm。

统计对象:网格、片区、本地网;室外、室内

数据采集:采用路测方式对该指标进行测量,在统计对象覆盖范围内进行测试,使用路测仪记录测量到终端的发射功率值。

计算公式:通过测量输出统计对象的终端发射功率分布图及统计图。

6．覆盖率

指标定义:测量统计特定区域的室外覆盖率,该指标反映了测量区域的室外覆盖情况。

统计对象:网格、片区、本地网;室外、室内。

数据采集:采用路测方式对该指标进行测量,在统计对象覆盖范围内进行测试,使用路测仪记录测量到的小区参考信号的 RSRP、SINR 值。

计算公式:

附表 2.1　覆盖率计算

区域类型	覆盖要求	覆盖率
片区 1	RSRP>=－105 dBm SINR>=－3 dB	(片区 1 满足要求的样点数/片区 1 的总样点数)×100%
片区 2	RSRP>=－105 dBm SINR>=－3 dB	(片区 2 满足要求的样点数/片区 2 的总样点数)×100%
……	……	……
全网	RSRP>=－105 dBm SINR>=－3 dB	(全网满足要求的样点数/全网的总样点数)×100%

附录3 移动通信实验任务单

任务* ******

班级:　　　　　　　学号:　　　　　　　姓名:　　　　　　　日期:

任务名称		学时		场地	＊＊实训室
任务介绍					
任务用具					
任务解析					
任务目的					
知识准备					
任务计划					
任务成果					
拓展提高					
教师评价					
评分(满分10分)					